David Joaquín
Jocelin Medina
Alma Delia Becerril

Administración de Proyectos de Construcción: Enfoque Mexicano

David Joaquín Delgado-Hernández
Jocelin Medina
Alma Delia Becerril

Administración de Proyectos de Construcción: Enfoque Mexicano

Teoría y Práctica

Editorial Académica Española

Impressum / Aviso legal
Bibliografische Information der Deutschen Nationalbibliothek: Die Deutsche Nationalbibliothek verzeichnet diese Publikation in der Deutschen Nationalbibliografie; detaillierte bibliografische Daten sind im Internet über http://dnb.d-nb.de abrufbar.

Información bibliográfica de la Deutsche Nationalbibliothek: La Deutsche Nationalbibliothek clasifica esta publicación en la Deutsche Nationalbibliografie; los datos bibliográficos detallados están disponibles en internet en http://dnb.d-nb.de.

Coverbild / Imagen de portada: www.ingimage.com

Verlag / Editorial:
Editorial Académica Española
ist ein Imprint der / es una marca de
AV Akademikerverlag GmbH & Co. KG
Heinrich-Böcking-Str. 6-8, 66121 Saarbrücken, Deutschland / Alemania
Email / Correo Electrónico: info@eae-publishing.com

Herstellung: siehe letzte Seite /
Publicado en: consulte la última página
ISBN: 978-3-8443-4761-6

ADMINISTRACIÓN DE PROYECTOS DE CONSTRUCCIÓN: ENFOQUE MEXICANO

David Joaquín Delgado Hernández,

Alma Delia Becerril Amado y

Jocelin Lizeth Medina Peralta

Diciembre 2012

DEDICATORIA

A Jesús David, mi hijo a quien amo con todo mi corazón.
A Karla Gabriela, mi esposa por su paciencia y cariño durante los años que hemos compartido juntos.
David Joaquín Delgado Hernández

A Dios por permitirme alcanzar otra etapa en mi vida.
A mis padres, hermanas y todas las personas que amo que siempre me han apoyado a lo largo de mi existencia.
Jocelin Lizeth Medina Peralta

A ti Dios padre por brindarme esta oportunidad de seguir adelante.
A mis papas, hermanos, tías y abuelita por estar en los buenos y malos momentos de mi vida.
A la persona que ha estado conmigo en diversas etapas difíciles de mi carrera.
Y en este momento, a mi pequeño que viene en camino, mil gracias por esta oportunidad.
Alma Delia Becerril Amado

AGRADECIMIENTOS

Se agradece la partición de las 60 empresas constructoras que tomaron parte en la encuesta, así como a la compañía en la que se desarrollaron los dos casos de estudio. También se aprecian los comentarios de los ingenieros: David Gutiérrez Calzada, José Francisco Juan Cárdenas Álamo, José Luis Cortés Martínez, José Saturnino Pérez Fajardo, Juan Carlos Arteaga Arcos, y Fernando Vera Noguez, por sus valiosas aportaciones en la revisión del contenido aquí presentado. Institucionalmente, se reconoce tanto al Colegio de Ingenieros Civiles del Estado de México, como a la Cámara Mexicana de la Industria de la Construcción Delegación Estado de México, por la información proporcionada para hacer posible la investigación realizada.

PREFACIO

La Administración de Proyectos (AP) no es un área nueva, ha sido parte de la vida del hombre durante milenios. Las pirámides de Egipto, la gran muralla China y los acueductos Romanos son ejemplos de proyectos que evidencian su uso desde hace siglos. En la mayoría de los casos, el método utilizado para realizarlos suponía más arte que ciencia. Solo en tiempos recientes se ha empezado a abordar el esfuerzo de conducción de los proyectos de modo sistemático, y a inclinar la balanza a favor de la ciencia por encima del arte.

En la primera mitad del siglo XX, los proyectos eran administrados con métodos y técnicas poco desarrollados, basados por ejemplo en los gráficos de Gantt (una representación gráfica del tiempo mediante barras), útil para controlar el trabajo y registrar el avance de tareas. En los años 50´s, se desarrollaron en Estados Unidos dos modelos matemáticos (Chamoun, 2002): CPM (Critical Path Method o Método de la Ruta Crítica), desarrollado por DuPont y Remington Rand, para manejar proyectos de mantenimiento de plantas industriales, y el PERT (Program Evaluation and Review Technique o Técnica para Evaluar y Revisar Programas), desarrollado por la Marina Norteamericana.

De igual forma, en el mismo periodo Bernard Schriever, arquitecto de desarrollo de Misiles Balísticos Polaris introdujo el concepto de "concurrencia" en los 50s integrando los elementos de un plan en un solo programa y presupuesto, ejecutándolos en paralelo y no secuencialmente. Así, logró reducir considerablemente los tiempos de ejecución de los proyectos denominados: Thor, Atlas y Minuteman, por lo que se le consideró como el padre de la Gestión de Proyectos (Palacio, 2006)

Poco tiempo después, en 1969, se formó en Estados Unidos, el Project Management Institute (PMI, 2002) bajo la premisa de que cualquier proyecto, sin importar su naturaleza, puede utilizar las mismas bases metodológicas y herramientas para finalizarse exitosamente. Es esta organización la que dicta los estándares en la materia a nivel internacional. De igual forma dicho instituto ha concluido que existen nueve áreas que deben ser atendidas en la AP, que son: alcance, riesgo, abastecimiento, calidad, integración, tiempo, costo, recursos humanos y comunicación. Estas ramas son relevantes tanto para la planeación, como para la ejecución y control de proyectos.

Pese a estos adelantos tecnológicos, existen evidencias empíricas recientes que muestran que el uso de las herramientas teóricas de la AP no es sistemático como se verá en el desarrollo del trabajo. En efecto, al parecer las compañías sólo recurren a este tipo de iniciativas cuando las presiones del mercado y la competencia las obligan.

Basándose en distintas referencias bibliográficas para determinar orígenes y definiciones de la Gestión de Proyectos (GP) y Administración de Proyectos (AP), se encontró que ambas pueden ser interpretadas bajo el mismo concepto, por lo que en el presente trabajo se aludirá solo al término de AP.

En este contexto, en esta investigación se observará la importancia de la AP, para mejorar el desempeño de las empresas constructoras, y generar recomendaciones que las hagan ser más competitivas.

INTRODUCCIÓN

La dinámica con la que se desarrolla el sector de la construcción en México, ha propiciado la actualización de algunas de las leyes y reglamentos existentes, con el fin de mantenerlos vigentes. Por ejemplo, el 28 de Mayo 2009 se modificó la Ley de Obra Pública, y un año más tarde, el 28 de Junio de 2010, se hizo lo propio con el Reglamento de la Ley de Obras Públicas y servicios relacionados con las mismas (Vera, 2010). De manera especial, se percibe que el Código Administrativo del Estado de México (CAEM), y de manera particular su Libro Décimo Segundo, referente a las obras públicas, también debería ser modificado.

Específicamente, ha habido cambios en aspectos que pretenden fomentar la competencia justa entre empresas constructoras. Por ejemplo, se ha propuesto un sistema de puntos, en los que se ha limitado la parte económica al 50%, incluyendo ahora otros criterios de evaluación para otorgar contratos mediante licitaciones públicas (ej: capacidad técnica, experiencia de la empresa, y su historial en obras con las dependencias contratantes). Así mismo, se ha eliminado el pago por adquirir las bases de licitación, en obras de recursos federales, limitando estos costos sólo a aquellos generados por la reproducción de los documentos correspondientes.

Lo anterior, ha permitido que se incremente el número de competidores por concurso, lo que inicialmente era de 10 o 20 hace un par de años, actualmente va de los 30 a 50 por cada concurso. Un breve análisis de esta situación, permite ver que las organizaciones del sector que deseen obtener contratos en el futuro, tendrán que cuidar no solamente el aspecto económico de sus propuestas, sino también el administrativo.

En efecto, al intervenir dentro del proceso de toma de decisiones para adjudicar una obra, criterios como la calidad, la experiencia y la eficiencia de un negocio, los empresarios deberán asegurarse de que sus equipos de trabajo practican sistemáticamente, por ejemplo, la administración de proyectos (AP). En teoría, la competencia generada en este ambiente, deberá minimizar fugas económicas, vicios ocultos, retrasos en tiempo, y otros factores que no eran raros anteriormente.

Es así como las nuevas reformas a la Ley, están dando la pauta para que las empresas constructoras que participen en la licitación de cualquier obra gubernamental, demuestren la eficiencia con la que pueden concluirla. Vera (2010) argumenta que será importante evaluar en breve los resultados de estas modificaciones, para determinar si verdaderamente se han mejorado las prácticas de la industria.

En este contexto, el presente trabajo está encaminado a resaltar la importancia de la AP, para mejorar el desempeño de las empresas constructoras, y generar recomendaciones que las hagan ser más competitivas. Para ello, se efectúa un diagnóstico de los factores que afectan dicha administración, con base en un estudio realizado en 60 empresas del Valle de Toluca, en el cual participaron tanto directores generales como residentes de obra. Con este diagnostico se pretende encontrar la tendencia al comportamiento del uso de las herramientas de la administración en el sector construcción, dando así respuesta al ¿Qué? y al ¿Cuánto?

De igual forma, para ahondar en el tema y saber ¿Cómo? y ¿Por qué? son utilizadas las herramientas reportadas, se investigó el comportamiento de una de las empresas participantes de la muestra del análisis anterior, donde el enfoque principal es la discusión de dos proyectos de ingeniería civil similares entre sí, y realizados por una pequeña compañía (menos de 50 empleados); donde su giro principal son las vías terrestres; así como la conservación de caminos, obras de alcantarillado y de agua potable en segundo orden. Se ha optado por emplear dos casos de estudio para poder realizar comparaciones entre ellos y ver la ventaja del uso de las herramientas de la AP, notando que para el primer proyecto, la empresa no contaba con la experiencia en la construcción de obras similares, mientras que en el segundo se contaba como antecedente el primero.

Cabe mencionar que las empresas se contactaron con base en el padrón de afiliados de la Cámara Mexicana de la Industria de la Construcción, Delegación Estado de México (CMICEdoMex); y que fue complementada con datos proporcionados por el Colegio de Ingenieros Civiles del Estado de México (CICEM).

Los factores que se analizarán en este trabajo son netamente administrativos, pues las metodologías y los procesos constructivos requeridos para realizar las obras, tienden a ser especificados por los organismos correspondientes de acuerdo al particular tipo de proyecto que se realizará.

Cabe aclarar, que en los mercados actuales existe una gran competencia en el sector, que se ve liderada por las grandes corporaciones, cuyo tamaño, experiencia y recursos, han logrado posicionarlas con el paso del tiempo en la preferencia de los clientes. No obstante, y tomando en cuenta que la economía nacional se compone mayoritariamente por Pequeñas y Medianas Empresas (PyMES), se ha decidido hacer participes a compañías de todos los tamaños y giros (ej: Industrial, Infraestructura, Comercial y Residencial), ubicadas en el Valle de Toluca.

Se considera que este Valle representa un buen caso de estudio, debido al número de obras que se han desarrollado durante el sexenio 2005-2011, y que seguramente continuarán en el próximo.

Así, se cree firmemente que los resultados obtenidos, serán aplicables al contexto, sin perder de vista que este trabajo está dirigido principalmente, a los estudiantes y profesionistas de la arquitectura e ingeniería civil interesados en el tema, así como a empresas que compartan las mismas condiciones en términos de número de empleados y proyectos anuales como de la empresa analizada; con la intención de que conozcan la manera en la que se efectúa la AP en el Valle de Toluca, y reconozcan buenas prácticas, y aquellas que requieren mejorarse.

Finalmente, se muestra un análisis de resultados con énfasis en los niveles de uso e importancia de las herramientas desarrolladas tanto para el caso de la constructora analizada, como para las 60 que integraron la muestra de estudio, resaltando aquellas actividades que influyen en la conclusión exitosa del proyecto.

ÍNDICE

ÍNDICE DE TABLAS

Capítulo **Pág.**

ÍNDICE DE FIGURAS

ABREVIACIONES

AP	Administración de Proyectos
CFC	Conceptos Fuera de Catálogo
CICEM	Colegio de Ingenieros Civiles del Estado de México
CMIC	Cámara Mexicana de la Industria de la Construcción
CMICEdoMex	Cámara Mexicana de la Industria de la Construcción, Delegación Estado de México
CONAGUA	Comisión Nacional del Agua
CPM	Critical Path Method (Método de la Ruta Crítica)
EDT	Estructura Desglosada del Trabajo
FC	Fuera de Catálogo
FCE	Factor Crítico de Éxito
FCEs	Factores Críticos de Éxito
GP	Gestión de Proyectos
I	Factor de Incremento
IMSS	Instituto Mexicano del Seguro Social
INEGI	Instituto Mexicano de Estadística, Geografía e Informática
INPP	Índices Nacionales del Precio al Productor
IVA	Impuesto al Valor Agregado
KMO	Kaiser-Meyer-Olkin (Medida de la Adecuación de la Muestra, índice utilizado para examinar la pertinencia del análisis factorial)
MiPyMES	Micro, Pequeñas y Medianas Empresas
PEAD	Polietileno de Alta Densidad
PERT	Program Evaluation and Review Technique (Técnica para Evaluar y Revisar Programas)
PMI	Project Management Institute (Instituto de Administración de Proyectos)

Abreviaciones

PU	Precios Unitarios
PyMES	Pequeñas y Medianas Empresas
QFD	Quality Function Deployment (herramienta para administrar la calidad en un proyecto)
RAE	Real Academia de la Lengua Española
RLXIICAEdoMex	Reglamento del Libro XII del Código Administrativo del Estado de México
SE	Secretaria de Economía
SEDAGRO	Secretaría de Desarrollo Agropecuario
SIEM	Sistema de Información Empresarial Mexicano
SSPS	Statistical Package for the Social Sciences (programa estadístico informático para las ciencias sociales)
UAEMéx	Universidad Autónoma del Estado de México
VFP	Variación Final del Proyecto

TEORÍA DE LA ADMINISTRACIÓN DE PROYECTOS
CAPÍTULO
1

1. Teoría

1.1 Introducción

Para poder desarrollar sus proyectos de manera eficaz, el ingeniero civil tiene que hacer uso de las herramientas de la administración durante el desempeño de sus funciones. En este sentido, la teoría de la administración representa una herramienta útil para poder auxiliar a este profesionista en sus actividades cotidianas, permitiéndole obtener los resultados que desea eficientemente.

Las bases de la administración moderna fueron establecidas por Frederick Taylor, ingeniero industrial norteamericano conocido como el "padre de la administración científica" (Hernández, 2007), quien a finales del siglo XIX y principios del XX, investigó sistemáticamente las actividades de los trabajadores mediante el uso del método científico.

Posteriormente, surgieron otros teóricos de la administración entre los que se pueden destacar (Hernández, 2007): Frank Gilbreth (que aportó el estudio de movimientos de manos, para lograr la máxima eficiencia de los trabajos manuales), Henry Gantt (que dejó el cronograma gráfico que lleva su nombre), Henry Fayol (pionero en el establecimiento del proceso administrativo, y autor de los 14 principios de la administración), Mary Parker Follet (quien estudió a la administración desde el punto de vista psicosocial) y Elton Mayo (coordinador de los estudios Hawthorne en la Western Electric de Estados Unidos).

No es el objetivo de esta introducción presentar una descripción exhaustiva de los teóricos de la administración, pero si es importante mencionar que sus aportaciones han influenciado de manera importante las prácticas actuales de la conducción de proyectos en la industria de la construcción. De hecho, su evolución ha permitido que hoy en día se cuente con enfoques administrativos modernos (Oakland and Marosszeky, 2006) como: la Administración Total de la Calidad (Total Quality Management), la Administración de la Cadena de Suministro (Supply Chain Management), y la Administración Ágil (Lean Management).

De esta forma, en el presente capítulo se describirán algunos conceptos relacionados con la teoría de la administración, con especial énfasis en su importancia para la administración de proyectos. Es importante resaltar que, aquí, se trata de identificar las herramientas que pueden ser útiles para que los ingenieros civiles y el personal que trabaja en proyectos de construcción, puedan realizar sus tareas de manera eficiente.

1.2 Definiciones y objetivos de un proyecto

Antes de presentar las ideas referentes a las herramientas de la administración de proyectos, es necesario especificar algunos conceptos. En el contexto del sector construcción, una definición aceptada para el término administración es *"la integración dinámica y óptima de las funciones de planeación, organización, dirección y control para alcanzar un fin grupal, de la manera más económica y en el menor tiempo posible"* (Suárez, 2009).

En esencia, como lo afirma Hernández (2007), se trata de un ejercicio de coordinación grupal, para lograr metas. Así, en la administración es importante trabajar con, y mediante un equipo para alcanzar los objetivos organizacionales y personales de sus miembros (Montana, 2006). Para ello, esta ciencia se apoya en el proceso administrativo, que involucra cinco actividades: planeación, organización, dirección, coordinación y control (Hernández, 2007).

Por otro lado, el término construcción se define como: *"la movilización y utilización de recursos financieros, humanos, materiales y equipo en un lugar específico de acuerdo a dibujos, especificaciones y documentos de contrato formulados para servir al propósito de un cliente"* (Merrit et al., 1996). En lo que resta del presente documento, se hará referencia al término "obra" para identificar el sitio de construcción, en concordancia con la definición de la Real Academia de la Lengua Española (RAE, 2011), que la especifica como el "*lugar donde se está construyendo algo*".

En lo que respecta al concepto de "proyecto", también utilizado frecuentemente desde ahora, se define como un conjunto de actividades temporales para lograr un objetivo especifico, por medio de tareas interrelacionadas, y de la utilización eficiente de recursos (Gido y Clements, 2007). Por su parte, el Project Management Institute (PMI, 2002), lo ha definido como: *"un esfuerzo temporal encaminado a crear un producto o servicio único"*. En este tenor de ideas, a partir de aquí, cuando se haga referencia al término recursos, se englobaran los siguientes tipos: económicos, mano de obra, materiales, instalaciones y equipos, salvo que se especifique lo contrario.

En principio podría pensarse que un proyecto es igual que el resto de las operaciones que desarrollan las empresas. Sin embargo, hay dos aspectos puestos de manifiesto en las definiciones anteriores, que los diferencian claramente de ellas: la temporalidad y la unicidad. El término "temporal" se refiere a que todo proyecto tiene un inicio y un fin definidos. Único, por otra parte, significa que el producto o servicio difiere de forma significativa de los productos o servicios desarrollados en otros proyectos. Por lo tanto, la Administración de Proyectos (AP) debe conceder importancia a las etapas de inicio y conclusión, y al objeto del proyecto.

De forma particular, de acuerdo con De Cos y Trueba (1990), se puede decir que un proyecto de ingeniería se plantea y realiza para resolver o mejorar una situación que se presenta en la práctica, basándose en las técnicas y conocimientos de la ingeniería. No menos importante es su valoración técnica, económica, social y ambiental, lo que contribuye a determinar la conveniencia de llevarlo a cabo.

Así mismo, en el presente trabajo se han integrado las definiciones previas, por lo que se entenderá como AP, a los esfuerzos realizados en un sitio de trabajo donde se edifican proyectos de ingeniería civil, para satisfacer las necesidades de construcción de un cliente.

De acuerdo con Amendola (2004), un principio básico de la AP, y en cualquier actividad de un proyecto, es tener los objetivos bien definidos, incluso antes de su comienzo, y que sean claros y precisos; por lo que, el objetivo del proyecto siempre es triple y está asociado con; resultados, costos y tiempos. Es decir, si no se consigue cumplir con uno de ellos, no se alcanza el resultado general del proyecto, y debido a que los tres tienen la misma importancia para su éxito, al no cumplirse alguno, no se alcanzará el propósito general establecido.

Adicionalmente, algunos autores han introducido un cuarto objetivo: la satisfacción del usuario (Chamoun, 2002). Éste se ha considerado debido a que, aunque el proyecto cumpla con las especificaciones al realizarse a tiempo y dentro del presupuesto, si no satisface al cliente, no cumple entonces con los requerimientos del proyecto.

Aunque el estado del arte sugiere estos criterios, no hay que perder de vista que la AP es un área en constante desarrollo, que promueve el uso de planes para darle seguimiento a las actividades que permitirán alcanzar los fines propuestos. En seguida se presentan tanto las dimensiones como la clasificación de proyectos, para sentar las bases teóricas sobre las que se apoyará el estudio empírico expuesto posteriormente.

1.3 Dimensiones y clasificación de un proyecto

Dimensiones de un proyecto

Haciendo referencia a Pellicer et al., (2004) y a Amendola (2004) en todo proyecto existen tres aspectos indispensables para alcanzar el resultado deseado (ver Figura 1.1)

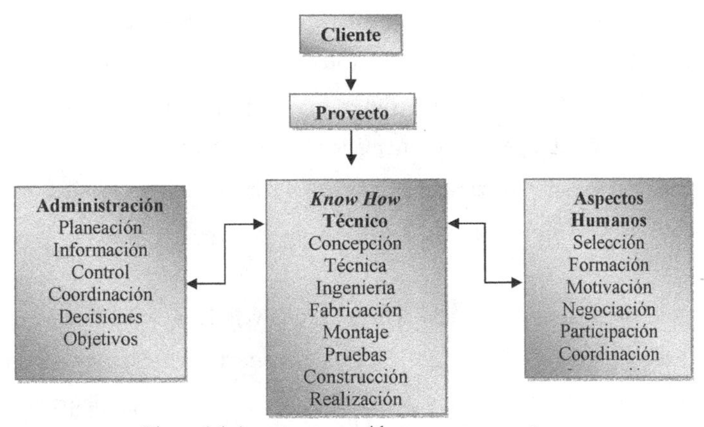

Figura 1.1 Aspectos a considerar en un proyecto
[Fuente: Adaptada (Amendola, 2004)]

Dimensión Técnica. Se refiere a saber cómo ("know how"), es decir, es necesario dominar esta área de forma apropiada, para aplicar los conocimientos específicos y adecuados que permiten resolver los problemas del proyecto.

Dimensión Humana. En todo proyecto existen relaciones personales, las cuales al final definen o condicionan el éxito o fracaso del mismo. Esto se debe a que los intereses de estas relaciones por lo general son diferentes y es necesario que durante la ejecución del proyecto se logre generar un ambiente de armonía, ya que todas las personas que participan en la ejecución, como en el cliente, el jefe de proyecto, los especialistas, los directivos, el personal técnico y administrativo, y los proveedores, son indispensables para finalizar exitosamente las actividades del mismo.

Dimensión administrativa. En ocasiones esta variable ha sido menospreciada debido a su poca tangibilidad en comparación con las demás. Sin embargo, de ella depende que las otras se ejecuten adecuadamente. Cuando la administración de un proyecto es adecuada, la posibilidad de terminarlo con éxito es mayor. Es por ello que las empresas ejecutoras del proyecto, deben manejarlo correctamente, reduciendo así considerablemente los riesgos de fracaso. Esto contribuye, además, a tener nuevos contratos en el futuro.

Hasta aquí se han comentado conceptos que van desde la definición de un proyecto y sus objetivos. En el siguiente apartado se presentarán los tipos más comunes de proyectos, y después se especificarán los participantes que se deben considerar durante su conducción.

Clasificación de un proyecto

La literatura reporta una gran variedad de proyectos, por lo que diferentes autores los han clasificado con base en distintos criterios. En general, tienden a agruparse en función de su naturaleza, dificultad, tamaño, interdependencia, fin y origen de recursos. En la Figura 1.2 se muestra un esquema donde se observan gráficamente los tipos de proyectos que existen. Cabe mencionar que estas categorías se pueden combinar; por ejemplo, puede existir un proyecto de ingeniería grande, que genere infraestructura social mediante recursos públicos.

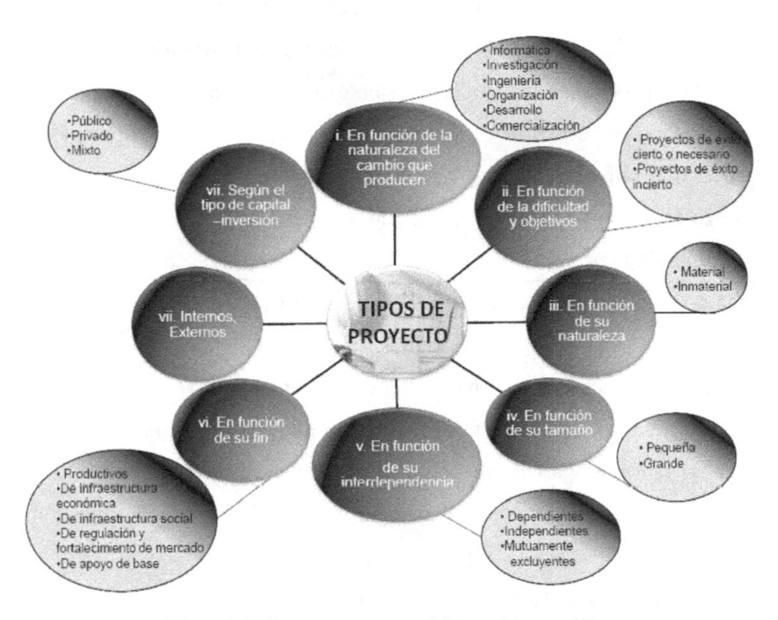

Figura 1.2 Tipos de proyectos (Elaboración propia)
[Fuente: Pereña y Gelinier, (1999) y Córdoba, (2006)]

Para no detener la continuidad del argumento, aquí solo se describe un tipo de proyecto (de ingeniería), pero el lector interesado puede acudir a Pereña y Gelinier (1999) y a Córdoba (2006) para conocer más detalles del tema.

Los proyectos de ingeniería no implican actividades de rutina y sus parámetros de definición y control (objeto de proyecto, presupuesto, programación, etc.) exigen la participación de las más diversas áreas de la organización para minimizar los riesgos que involucran (financieros, económicos, imagen de la empresa, expansiones, adecuaciones futuras e impacto ambiental). De modo que un plan concebido y aprobado por todas las partes implicadas en el proyecto tiene más posibilidades de alcanzar el éxito.

Los proyectos de ingeniería pueden ser detonadores de desarrollo. En Ingeniería Civil, por ejemplo, la construcción de una presa puede provocar que más personas e industrias se establezcan en la zona de la obra, pues esta puede proveerlos del vital liquido. De hecho, en la práctica es difícil encontrar proyectos de ingeniería unidisciplinarios, ya que en la gran mayoría de las ocasiones participan dos o más áreas. Regresando al ejemplo de la presa, la parte electrónica (de sistemas de control) y la parte mecánica, tienen que ser atendidas por especialistas de esas áreas.

Así, los proyectos de ingeniería tienden a ser complejos no solo por las cuestiones técnicas, sino también por la interacción entre los participantes. En el siguiente apartado se describen sus roles, y luego se presentan las etapas y herramientas que se pueden emplear durante la fase de ejecución.

1.4 Participantes en los proyectos

De acuerdo con Chamoun (2002), en todo proyecto existen participantes clave que realizan las actividades que permiten llevarlo a buen término. Así, las organizaciones y personas que serán afectadas o beneficiadas por su desarrollo, tienen que verse involucradas desde el principio. De esta forma, los participantes se pueden dividir en dos grupos: "Equipo Directivo" y "Equipo Técnico", y estos a su vez están conformados por cliente y patrocinador, en el primer caso, y por gerente de proyecto y miembros del equipo en el segundo. En la Figura 1.3 se esquematizan ambos grupos, y después se describen.

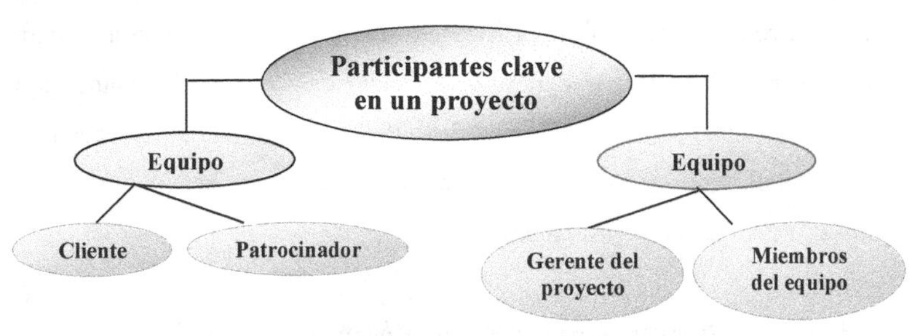

Figura 1.3 Participantes clave en un proyecto
[Fuente: Adaptado de (Chamoun, 2002)]

Cliente: es el contratante, propietario o quien tiene la iniciativa de desarrollar el proyecto. Se encarga de autorizarlo, definir su alcance y objetivos, estableciendo criterios y/o lineamientos de aceptación del mismo. También, como parte del equipo directivo se tiene al Patrocinador, que es la persona a cargo de la dirección del proyecto en la empresa, cuya función es asegurar la toma de decisiones a tiempo, superar los posibles conflictos y barreras organizacionales que se presenten, así como asignar y apoyar al gerente del proyecto.

En cuanto al equipo técnico, el gerente del proyecto tiene como función principal ser el líder de dicho equipo, para que mediante el trabajo de sus miembros se puedan alcanzar los objetivos establecidos. También asegura una buena comunicación entre los participantes del proyecto, y se encarga de identificar y solucionar a tiempo los problemas que se presenten durante su elaboración. En segundo término están los miembros del equipo técnico, entre los que se incluye, además del gerente de proyecto, a las organizaciones, el staff[1] y proveedores que participan en su desarrollo. En general, estos miembros se encargan de elaborar un plan para la ejecución y control del proyecto, tratando de seguirlo a lo largo de sus fases.

---

[1] Entendiendo por staff al conjunto de personas que están bajo el mando del director de una empresa o institución.

En este contexto, resulta importante recordar que todo proyecto involucra, en general, cinco etapas dentro de su ciclo de vida: inicio, planeación, ejecución, control y cierre (Chamoun, 2002). En la siguiente sección se describirán cada una de ellas, así como las herramientas que permiten llevar a cabo las tareas asociadas a dichas fases.

1.5 Etapas, herramientas y áreas de un proyecto

Un proyecto nace en el momento en que surge una necesidad o idea de parte de un cliente, sea este una organización gubernamental, privada o bien una persona física. Durante el proceso de gestación de la idea, se analiza si el proyecto es viable y, de serlo, se cuantifican los recursos necesarios para realizarlo y satisfacer la necesidad o necesidades que le dieron origen.

Lo anterior requiere el diseño de un plan en el que se estiman tanto los costos como los tiempos de ejecución. Pero independientemente de las actividades específicas que se necesiten para realizar un proyecto en particular, se reitera que normalmente se pueden identificar cinco etapas comunes a todos ellos. La Figura 1.4 las presenta (Chamoun, 2002) tal y como han sido propuestas por el Project Management Institute (PMI).

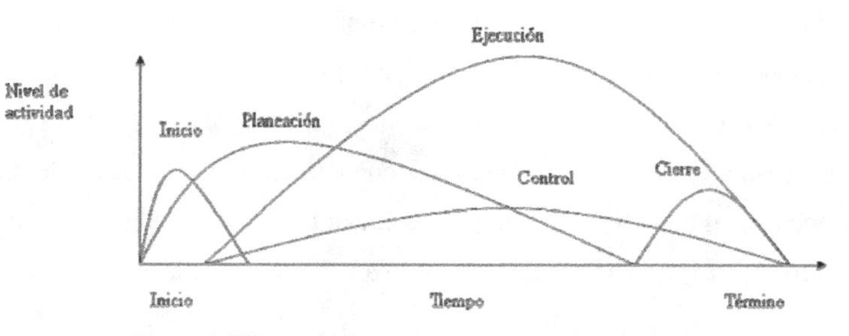

Figura 1.4 Etapas de un proyecto (Fuente: Chamoun, 2002)

Como se puede observar, el inicio precede a la planeación y a la ejecución. Durante esta última es importante llevar a cabo un control que permita verificar que lo planeado está siendo realizado durante su desarrollo. Cuando se encuentran discrepancias, la etapa de planeación es nuevamente replanteada, y el ciclo se repite. Así el proyecto termina con la etapa del cierre. A continuación se describen con más detalle estos cinco lapsos.

1.5.1 Inicio

Durante esta etapa se establece la visión, se definen los objetivos, se justifica el proyecto, se imponen restricciones, se plantean supuestos, y se buscan recursos económicos para la ejecución del mismo. El inicio de un proyecto en combinación con la planeación, son de gran importancia, ya que es aquí donde se toma la decisión de ejecutarlo o no (Delgado y Medina, 2010).

En esencia, durante la fase naciente de un proyecto, se recolectan algunas evidencias que permiten determinar la factibilidad de llevarlo a cabo. El área de evaluación de proyectos juega un papel importante en este momento, ya que le brinda un panorama general a los tomadores de decisiones sobre las bondades e inversiones que tendría el proyecto en caso de realizarse.

En esta línea de ideas, Díaz (2007) sostiene que durante la iniciación de un proyecto se establecen las normas necesarias para su desarrollo, y se lleva a cabo un análisis de riesgos. También afirma que en este momento se da el arranque formal de las actividades tanto en términos administrativos como operativos.

Las herramientas en esta fase no son tan abundantes como en las etapas subsecuentes. Sin embargo, Chamoun (2002) recomendó emplear el denominado "documento de inicio", un instrumento en el que se empiezan formalmente los trabajos, y se especifican los entregables y productos que el proyecto generará. En él también se incluyen de manera explícita los involucrados y sus expectativas, indicando las personas o entidades que se verán afectadas por las actividades del proyecto (ej: cliente, usuarios, autoridades municipales, vecinos, ingenieros, arquitectos y compañía de luz, por mencionar algunos), y sus perspectivas sobre el proyecto.

De igual forma, se recomienda incluir las restricciones y supuestos en los que se apoyará la realización del proyecto, poniendo especial énfasis en las limitaciones y obstáculos que pueden influir en el desarrollo de los trabajos, ya sea de forma positiva o negativa. Una vez que se han determinado con precisión estos aspectos, se procede a la segunda etapa, relacionada con las tareas de planeación.

1.5.2 Planeación

Aquí, se genera un plan para establecer "cómo" se cumplirán los objetivos del proyecto, proponiendo estrategias y actividades que permitan concluirlo con éxito, y evitando pérdidas económicas, de tiempo y sorpresas no deseadas, a lo largo de su ejecución.

De acuerdo con Klastorin (2005), en la planeación es importante seguir una estructura que incluya distintos aspectos a considerar durante las fases posteriores. Para ello, propuso que se tomaran en cuenta en el plan, por lo menos, los siguientes puntos:

1. Visión general, que incluye: (i) organización del proyecto, (ii) resumen, (iii) estructura desglosada del trabajo (EDT), y (iv) plan de organización y subcontratación,
2. Programación del proyecto: (i) tiempos y programación, (ii) presupuesto, (iii) asignación de recursos, y (iv) adquisición de equipos y materiales,
3. Supervisión y control del proyecto: (i) métricas de control para costos, (ii) órdenes de cambio, e (iii) informes de eventos importantes, y
4. Terminación del proyecto: (i) evaluación posterior al proyecto.

Como se puede apreciar, son variados los rubros a considerar en un plan, y para ello existen distintas herramientas, como se describirá en seguida con base en los datos proporcionados por Chamoun (2002). Sin embargo, algunas evidencias (Delgado, 2008) señalan que pese a su disponibilidad, las técnicas relevantes para llevar a cabo la planeación de proyectos, no se usan ampliamente en la práctica ya sea por falta de conocimiento, o por falta de tiempo.

Herramientas de planeación

Plan del proyecto: es la guía y el estándar contra el cual se comparará la ejecución del proyecto (Chamoun, 2002). En él, se deben establecer y explicar las etapas y metas por alcanzar, de manera que sean claras, alcanzables, especificas y medibles, para poder cubrir el alcance del proyecto a tiempo, dentro del presupuesto y de acuerdo con las especificaciones establecidas (Gido y Clements, 2007).

Organigrama: es un árbol jerárquico donde se presenta el equipo que elaborará el proyecto, en el que se establecen los canales de comunicación entre sus miembros y la interacción que tienen unos con otros. En la Figura 1.5 se muestra un ejemplo de esta herramienta, que tiene como principal ventaja la posibilidad de identificar las líneas de autoridad y los niveles en los que se toman las decisiones (Chamoun, 2002).

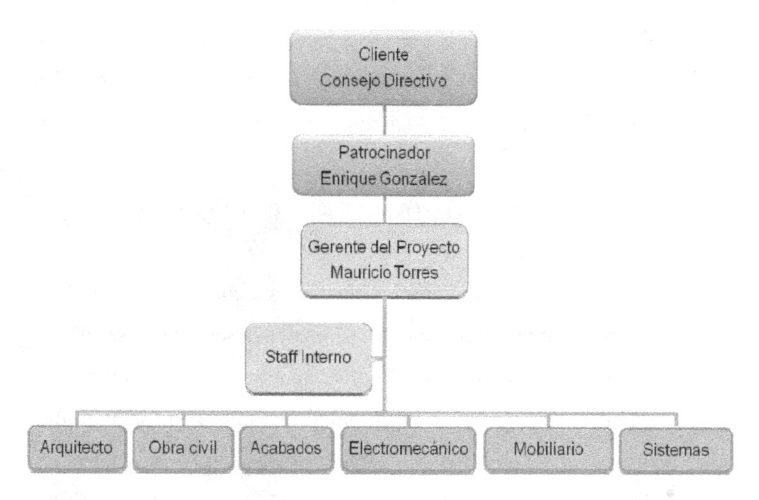

Figura 1.5 Ejemplo de diagrama organizacional (Fuente: Chamoun, 2002)

Calendario de eventos: es un instrumento que permite registrar, desde las primeras etapas del proyecto, las actividades relevantes como: reuniones, pagos, gestión de facturas, fechas límite de entregas, días no laborables, generación de reportes semanales y mensuales, etc. A través de una simbología acordada, se presentan en un calendario las fechas importantes para el proyecto.

Programa de abastecimientos: es una herramienta que permite proyectar con anticipación, la forma en la que se contratarán y abastecerán los insumos de la obra. En él se establecen los criterios para seleccionar a los proveedores, los tipos de contratos a usar con ellos, los montos de anticipos, las formas de pago y las fechas de entrega de los materiales y equipos requeridos en el proyecto.

Programa del proyecto: aquí se identifican todas las actividades relevantes para la obra, y se proponen sus duraciones, especificando las fechas de inicio y de terminación para cada una. Estos tiempos se basan en las normas del sector, y en la experiencia del equipo que ejecutará el proyecto. El programa permite conocer desde el principio, la duración estimada de todo el proyecto. Existen distintas variantes para esta herramienta, entre las que se pueden mencionar (Chamoun, 2002): el diagrama de barras de Gantt, el método de la ruta crítica, y el PERT (Program Evaluation and Review Technique).

Estimado de costos: se trata, en esencia, del catálogo de conceptos en el que se establecen los volúmenes de obra, las unidades de medición, los precios unitarios y los importes totales del proyecto. Es un instrumento de gran utilidad, ya que le permite al cliente conocer de antemano los montos que tendrá que invertir en su proyecto, aunque no especifica los momentos. Sin embargo, para ello existe el programa de erogaciones.

Programa de erogaciones: con base en el estimado de costos, se establecen las fechas de pago de cada concepto, con la intención principal de que el cliente se prepare económicamente para afrontar los compromisos adquiridos. Es útil también, para saber si se requerirá financiamiento externo en algún momento dado, o si será suficiente con los fondos del cliente.

Como se puede observar, las herramientas para la planeación son variadas y abundantes. De hecho, en el presente trabajo sólo se han considerado aquellas que se cree que son bien conocidas en el medio de la construcción.

No obstante, existen otras que pueden ser consultadas, por ejemplo, en el PMI (2002), Chamoun (2002), Klastorin (2005) y en Gido y Clements (2007). Habiendo descrito brevemente lo concerniente a técnicas de planeación, ahora se procede con las de ejecución.

1.5.3 Ejecución

En lo que se refiere a esta etapa, se trata de un periodo en el cual se pone en práctica el plan previsto, contratando proveedores, empleando maquinaria y trabajando en las actividades identificadas en la fase previa, mismas que son ejecutadas por el equipo del proyecto. Así mismo, se genera y distribuye oportunamente la información requerida para lograr las metas establecidas.

Aquí se aplica la gestión de recursos de manera rigurosa para desarrollar con éxito el proyecto. Nótese que existe un vínculo muy estrecho entre la ejecución y el control, lapso durante el cual se compara lo realizado con lo planeado, tomando medidas correctivas en caso de ser necesario, y siempre manteniendo informados a los miembros del equipo sobre las decisiones que se toman, y que pueden afectar sus labores.

Las actividades de supervisión son muy importantes durante la ejecución, ya que en cierta medida la calidad del producto final depende de ellas. Como la calidad, precisamente, es uno de los criterios que permiten determinar el éxito de un proyecto (Chamoun, 2002), para que este sea satisfactorio se debe cubrir con los estándares establecidos, además de entregarse a tiempo y bajo presupuesto. Por ello, se deben evaluar las alternativas disponibles tanto de proveedores como de materiales, para "garantizar" que se cubren las expectativas del cliente.

Entre las herramientas disponibles para llevar a cabo la ejecución de una obra, se presentarán cuatro: administración de concursos, administración de contratos, requisiciones de pago y evaluación de alternativas. Las primeras tres tienen una componente económica, y la última, además, una componente técnica relacionada con la calidad. Chamoun (2002) las presentó como sigue.

Herramientas de ejecución

Administración de concursos: tiene por objetivo identificar distintos "paquetes" de trabajo para realizar el proyecto, y asignarlos a subcontratistas o proveedores especializados que garanticen su adecuada entrega, cumpliendo con las especificaciones requeridas por parte del contratista general. Notar que los paquetes de contratación pueden incluir: diseño arquitectónico, diseño de la obra civil, construcción de cimientos, construcción de estructura, instalaciones eléctricas, instalaciones hidráulicas, instalaciones mecánicas, acabados, y mobiliario.

Administración de contratos: se trata aquí de acordar con el cliente la mejor manera de contratar a los proveedores, para que ejecuten sus tareas. Entre los contratos más comunes se pueden mencionar (Sidney, 2002): costo de la obra más honorarios, costo de la obra más honorarios con precio máximo garantizado, cantidad global, administración de la construcción, diseño-construcción, contrato con obra terminada, empresa conjunta, y construir-operar-transferir.

El tipo de contrato a elegir depende de dos aspectos principales: (a) qué tan completa está la información para firmarlo, y (b) cuál es el nivel de riesgo que el cliente está dispuesto a asumir para realizar la obra. En la Tabla 1.1

se reproduce la propuesta de Chamoun (2002) para seleccionar el mejor tipo de contrato, en función de estos dos criterios.

Tabla 1.1 Tipos de contrato (Fuente: Chamoun, 2002)

Precio Fijo		Precio Variable	
Precio Fijo	Precio Unitario	Precio Máximo Garantizado	Por Administración
Precio Alzado Importe Total	Estableciendo un tope máximo	Compartiendo Ahorros	Costo directo más un porcentaje de indirectos
Menor riesgo para el cliente			Mayor riesgo para el cliente
Mayor riesgo para el proveedor			Menor riesgo para el proveedor
Información de diseño completa			Información de diseño incompleta

Como se puede apreciar, el precio fijo es factible cuando se tiene completa la información de diseño, en contraste con el precio variable que se utilizaría cuando ésta hace falta.

Requisiciones de pagos: es el cobro que se hace al cliente, por las actividades realizadas por el contratista durante un periodo determinado de tiempo (ej: semanal o quincenal), o bien mediante destajo, en concordancia con lo establecido en el contrato correspondiente. Su principal utilidad es la de evitar sobrepagos, y tener un control adecuado de los movimientos en el estado de cuenta de un contrato.

Evaluación de alternativas: se trata de una herramienta que sirve para valorar cualitativa y cuantitativamente las opciones que se tienen para adquirir algún insumo del proyecto, o para contratar a los proveedores. Antes de emplearla, es necesario definir los criterios mediante los cuales se compararán las alternativas, y las escalas con las que se ponderará cada criterio y cada opción.

Una vez hecho esto, se utilizan promedios ponderados para definir el insumo o proveedor que mejor satisface los criterios de evaluación, y que por lo tanto podría ofrecer la mejor solución al problema planteado.

Como se puede intuir, las herramientas de ejecución descritas pueden ser útiles durante la elaboración de un proyecto, sobre todo si este incluye un gran número de paquetes, y de alternativas para seleccionar. En proyectos pequeños quizá pudiera obviarse su uso, aunque se considera que es importante emplear sistemáticamente las técnicas para tener resultados uniformes y comparables al interior de una empresa. Con estas ideas en mente, ahora se describen algunas herramientas de control.

1.5.4 Control

El objetivo de esta fase es determinar que tan apegadas son las actividades realizadas en el sitio, con respecto a las definidas originalmente en el plan del proyecto. Lo anterior permite organizar y administrar eficientemente los recursos del proyecto, y re-orientar los cursos de acción cuando se identifican desviaciones.

Para controlar las actividades, el gerente del proyecto debe asumir el liderazgo sobre el personal bajo su cargo, tomando las decisiones necesarias para concluir el trabajo correcta y oportunamente, en los términos económicos previamente pactados. Para ello se dispone, por ejemplo, de las siguientes técnicas.

Herramientas de control

Control del programa: en este caso, se toma como base el programa del proyecto donde se propuso la duración y secuenciación de las actividades a desarrollar, y se compara con lo que ocurre en la realidad. De esta forma, es posible identificar adelantos o retrasos en las duraciones de las tareas, y también se puede pronosticar a tiempo si el proyecto se concluirá como estaba planeado.

En virtud de las penalizaciones y costos que pudiera generar la entrega tardía de los resultados de un proyecto, el control del programa resulta ser una labor fundamental para reconocer y solucionar problemas antes de que ocurran. Como ya se había mencionado, en función del tipo y complejidad de un proyecto, se puede hacer uso de los diagramas de Gantt, del método de la ruta crítica o del PERT.

***Control presupuestal*:** se trata de un instrumento mediante el cual se contrasta lo realmente ejercido, con el presupuesto base de un proyecto. En esencia, al igual que la herramienta previamente descrita, el objetivo principal es identificar desviaciones oportunamente entre lo planeado y lo existente.

En este sentido, cuando se identifican ahorros, es posible compartirlos entre el cliente y el contratista. Pero cuando se encuentran sobrecostos, entonces se ha de averiguar si estos se deben a cambios autorizados por el cliente, a variaciones en los precios de los insumos, o a la negligencia del constructor. Una vez reconocida la fuente, es necesario tomar las medidas necesarias para corregir el rumbo financiero del proyecto, y asegurar que se entregará bajo presupuesto.

Estatus semanal: es una herramienta que, como su nombre lo indica, sirve para informar semanalmente el avance del proyecto. En este tipo de informe es recomendable incluir las prioridades y estrategias que permitirán mantener el programa del proyecto dentro del plan establecido.

En general, su principal ventaja es que ayuda a mantener informados a los participantes sobre los progresos de las actividades, lo que a su vez se traduce en un buen control pues provee datos tanto de adelantos físicos (ej: reporte fotográfico), como presupuestales.

Sistema de control de cambios: es un procedimiento que tiene como finalidad registrar todos los cambios presentados durante la elaboración del proyecto, con la intención de mantener el control sobre insumos, personal y proveedores. El espíritu de esta herramienta, es permitir que el tiempo y el presupuesto sean ajustados en caso de ser necesario, y de tomar las medidas correctivas que faciliten la terminación adecuada de las actividades.

Como se percibe, las herramientas de control contribuyen a que los tomadores de decisiones adapten sus estrategias en función del comportamiento real del proyecto, y cumplan cabalmente con los compromisos adquiridos en el contrato. Por último, se encuentran las técnicas que auxilian a realizar el cierre del proyecto, mismas que se presentan enseguida.

1.5.5 Cierre

Por último se encuentra la etapa de cierre, en la que se concluyen y cierran las relaciones contractuales entre el cliente y el contratista, generando los documentos que incluyen los resultados finales, archivos, cambios, evaluaciones y lecciones aprendidas en el proyecto. Cabe mencionar que en dichas lecciones, es recomendable incluir las dificultades presentadas durante la ejecución, las causas de pérdidas o ahorros económicos; los motivos de retrasos o avances en el tiempo de ejecución ya sea de actividades, o de la entrega del proyecto; y las soluciones empleadas por la empresa para remediar las situaciones descritas.

Así mismo, se entrega el resultado final al cliente, tratando de establecer relaciones de largo plazo para asegurar trabajos en el futuro. Entre las herramientas a emplear en esta fase, Chamoun (2002) sugiere: el reporte final, el cierre técnico-administrativo, y el cierre contractual, mismas que se describen a continuación.

Herramientas de cierre

Reporte final: como su nombre lo sugiere, se trata de un documento en el que se reporta el término de las actividades realizadas por parte del contratista, y en el que se especifican las condiciones en las cuales se culminó el proyecto y los percances que se presentaron.
En ese escrito, se incluyen aspectos como (Chamoun, 2002): presupuesto final, programa final, lecciones aprendidas, secuencia fotográfica de la obra, índice de archivos, control de cambios, directorio de participantes (ej: proveedores, consultores y equipo ejecutor), actualización de bases de datos (ej: costo y tiempo), acta de recepción de documentos, y carta de recomendación.

Cierre técnico-administrativo: en este punto, se pretende generar un conjunto de documentos, incluido el reporte final descrito, donde se indique como fue construida finalmente la obra. En efecto, se trata de actualizar los planes, planos, y especificaciones originales, reportando ahora los que se denominan "as built" (como quedaron construidos), para que en el futuro se consulten estos que son los que reflejan la realidad.

Cierre contractual: aquí se debe formalizar el cierre del contrato entre el cliente y el contratista, verificando que se concluyan adecuadamente los compromisos legales adquiridos, finiquitando fianzas y seguros, especificando periodos de garantías, y entregando los manuales de usuario correspondientes.

Cabe mencionar que la etapa de cierre es tratada profundamente con escasa frecuencia. En realidad no se percibe que los textos le den la importancia que tiene, ya que sirve para sentar precedentes de un buen desempeño, y puede derivar en recomendaciones futuras. Nótese que lo contrario también puede ocurrir, es decir, que se revelen malas prácticas.

Áreas de un proyecto

El PMI (2002) ha propuesto nueve áreas que se tienen que considerar en la administración de proyectos.

1. **Alcance**. En donde se definen los aspectos que incluirá y no incluirá el proyecto. Cabe resaltar la importancia de esta área del proyecto, ya que el alcance se define en función a las necesidades del cliente.
2. **Tiempo.** Se enfoca en la elaboración de un programa de ejecución del proyecto, con la ayuda de calendarios de eventos que especifican entregas parciales.
3. **Costo.** Área donde se realiza un estimado del precio del proyecto mediante un prepuesto y programa de erogaciones, que son los gastos e inversiones realizadas para cada actividad, y etapa del proyecto.
4. **Calidad.** Se busca la forma de cumplir y satisfacer los lineamientos y necesidades, tanto de los reglamentos y estándares relevantes como de los clientes.
5. **Riesgo.** Esta área se encarga de prever, controlar, solucionar, y de ser posible erradicar, los posibles riesgos que puedan presentarse durante

las distintas etapas del proyecto. Esto se puede lograr creando planes de contingencia.

6. **Abastecimiento.** Área que se encarga de crear estrategias de contratación de proveedores, así como de realizar cotizaciones, contratos y administrar los mismos.
7. **Recursos Humanos.** Equipo que integra el proyecto, aquí se encuentran tanto colaboradores internos como externos. Así mismo, se definen cada una de sus funciones individuales, y responsabilidades.
8. **Comunicación.** Área que se ocupa de transmitir la información necesaria para realizar el proyecto. Aquí se generan reportes, se asignan los encargados de generarlos, y se registra "quién" recibe "qué" información, y de "dónde" proviene, puede distribuirse por medios físicos y electrónicos.
9. **Integración.** Realiza la administración de los cambios generados en el transcurso del proyecto, e integra todas las áreas previamente descritas. En general, permite documentar las lecciones aprendidas al término del proyecto.

Estas áreas serán retomadas más adelante, cuando se describan con detalle los resultados del diagnóstico realizado a la empresa para sus dos casos de estudio con la finalidad de determinar cuáles son las herramientas de las descritas hasta ahora, que más se usan en la práctica.

Pero antes de presentar los resultados, en las siguientes secciones se discutirán algunos aspectos asociados con distintos factores críticos para tener éxito en la AP, y se tocará lo relativo a los impactos esperados como resultado de dicha administración.

1.6 Resumen

En este capítulo se han presentado y descrito diversos conceptos y características relacionadas con la administración de proyectos que se considera pueden ser útiles en la práctica. Cabe aclarar que se trató de introducir lo más relevante que ayude a que un proyecto sea exitoso, ya que tienen mayores posibilidades de aplicación dada su relativa sencillez. Con esto en mente, enseguida se mencionan los factores críticos de éxito más relevantes para un proyecto constructivo.

FACTORES CRÍTICOS
DE ÉXITO DE UN
PROYECTO
CAPÍTULO
2

2.1 Introducción

Rockart (1979), definió un Factor Crítico de Éxito (FCE) como "áreas que, si los resultados son satisfactorios, aseguran el desarrollo exitoso y competitivo de la organización". Es decir, se trata de aspectos que deben ser practicados para que una firma sea efectiva. En materia de gestión de conocimiento, Wong (2005) propuso un conjunto de 10 factores aplicables a las PyMES. Análogamente, Yusof and Aspinwall (2000), hicieron lo propio, pero en términos de la gestión de la calidad.

En materia de administración de proyectos, Cleland and King (2007), propusieron los siguientes FCEs:

- Empleo de reportes generales de avance,
- Empleo de reportes detallados de avance,
- Habilidades administrativas adecuadas del gerente de proyecto,
- Habilidades humanas adecuadas del gerente de proyecto,
- Habilidades técnicas adecuadas del gerente de proyecto,
- Influencia suficiente del gerente de proyecto en su equipo de trabajo,
- Autoridad suficiente del gerente de proyecto,
- Influencia suficiente del cliente,
- Coordinación de la empresa con el cliente,
- Interés del cliente en el proyecto,
- Participación del equipo encargado del proyecto en la toma de decisiones,
- Participación del equipo encargado del proyecto en la solución de problemas,
- Estructura bien definida del equipo encargado del proyecto y
- Seguridad laboral del equipo encargado del proyecto,

Además, diversos autores como Chamoun (2002), Gido y Clements (2007), y Klastorin (2005) han propuesto otros como:

- Espíritu de trabajo en equipo,
- Apoyo de la alta dirección,
- Similitud del proyecto con proyectos anteriores,
- Complejidad del proyecto,
- Disponibilidad de fondos para iniciar el proyecto,
- Asignación realista de duraciones a las actividades del proyecto,
- Capacidad para definir a tiempo el diseño y las especificaciones del proyecto y
- Capacidad para cerrar el proyecto.

En términos generales, se percibe que se pueden generar cinco categorías de FCEs, partiendo de las similitudes existentes entre ellos, que son: (i) seguimiento, (ii) competencia administrativa del gerente, (iii) participación del cliente, (iv) integración del equipo ejecutor, y (v) experiencia de la empresa.

2.2 Factores críticos de éxito de un proyecto (FCEs)

Como se mencionó anteriormente, algunos autores proponen diversos FCEs. Con base en su análisis, aquí se utilizará una clasificación para reducirlos a cinco grupos. Así, en la Tabla 2.1 se presenta la agrupación propuesta para los FCEs, y enseguida se describe cada grupo. Obsérvese que la presencia de ellos en un proyecto en particular, no garantiza el éxito, pero si contribuye a mejorar las posibilidades de que éste se dé.

En un esfuerzo por medir los FCEs, en dicha tabla se incluyen 2 columnas: En la primera se especifica el tipo de variable con base en dos tipos: Cualitativa (Q), Cuantitativa (C). Así mismo, en la segunda se proponen un conjunto de unidades para medirlas.

Seguimiento

En paralelo con las actividades de ejecución, es importante controlar el desempeño del proyecto. En este sentido, los reportes generales y detallados de avance constituyen dos herramientas útiles para alcanzar tal fin. En realidad, para dar un seguimiento adecuado a los planes de trabajo, es necesario plantear desde el principio duraciones realistas para las tareas por ejecutar, así como establecer tiempos límites de entrega y lograr un cierre exitoso de las asignaciones.

Tabla 2.1 Categorías propuestas para los FCEs de la administración de proyectos (C= Cuantitativa; Q= Cualitativa) [Fuente: Elaboración propia]

Grupo	Factores	Tipo de variable	Unidades (áreas de oportunidad)
Seguimiento	• Empleo de reportes generales de avance	C	Número de reportes por proyecto
	• Empleo de reportes detallados de avance	C	Número de reportes por proyecto
	• Asignación realista de duraciones a las actividades del proyecto	C	% de desviación entre el programa de obra y el avance real
	• Capacidad para definir a tiempo el diseño y las especificaciones del proyecto	Q	Insuficiente Regular Excelente
	• Capacidad para cerrar el proyecto	Q	Insuficiente Regular Excelente
Competencia Administrativa del Gerente	• Habilidades administrativas adecuadas del gerente de proyecto	Q	Insuficiente Regular Excelente
	• Habilidades humanas adecuadas del gerente de proyecto	Q	Insuficiente Regular Excelente
	• Habilidades técnicas adecuadas del gerente de proyecto	Q	Insuficiente Regular Excelente
	• Influencia suficiente del gerente de proyecto en su equipo de trabajo	Q	Insuficiente Regular Excelente

Tabla 2.1 Categorías propuestas para los FCEs de la administración de proyectos (C= Cuantitativa; Q= Cualitativa) [Fuente: Elaboración propia — Continuación]

Grupo	Factores	Tipo de variable	Unidades (áreas de oportunidad)
Competencia Administrativa del Gerente	• Autoridad suficiente del gerente de proyecto	Q	Insuficiente Regular Excelente
	• Apoyo de la alta dirección	Q	Insuficiente Regular Excelente
Participación del Cliente	• Influencia suficiente del cliente	Q	Insuficiente Regular Excelente
	• Coordinación de la empresa con el cliente	Q	Insuficiente Regular Excelente
	• Interés del cliente en el proyecto	Q	Insuficiente Regular Excelente
Integración del Equipo Ejecutor	• Participación del equipo encargado del proyecto en la toma de decisiones	Q	Insuficiente Regular Excelente
	• Participación del equipo encargado del proyecto en la solución de problemas	Q	Insuficiente Regular Excelente
	• Estructura bien definida del equipo encargado del proyecto	Q	Insuficiente Regular Excelente
	• Seguridad laboral del equipo encargado del proyecto	Q	Insuficiente Regular Excelente
	• Espíritu de trabajo en equipo	Q	Insuficiente Regular Excelente
Experiencia de la Empresa	• Similitud del proyecto con proyectos anteriores	C	% de actividades similares entre los proyectos
	• Complejidad del proyecto	C	Número de actividades nuevas / (Número de actividades conocidas + Número de actividades nuevas)[2]
	• Disponibilidad de fondos para iniciar el proyecto	Q	Insuficiente Regular Excelente

Competencia Administrativa del Gerente

De acuerdo con Bunk (1994), una competencia es una atribución que tiene la persona que cuenta con los conocimientos, destrezas y aptitudes para

[2] Se propone medir la complejidad del proyecto en función del número de actividades nuevas para el constructor. De esta forma, entre mayor sea el porcentaje de actividades a realizar en las que no se cuente con experiencia previa, mayor será la complejidad del proyecto.

practicar una profesión, y es capaz de solucionar los problemas profesionales autónoma y flexiblemente, estando preparado para trabajar en su entorno laboral.

De esta forma, el gerente responsable de las actividades en una obra debe contar con las habilidades suficientes tanto administrativas como humanas y técnicas, adecuadas para poder desarrollar efectivamente las acciones correspondientes. Así mismo, debe ser hábil para dirigir los esfuerzos de su equipo de trabajo, con la intención de alcanzar todas las metas definidas desde el inicio. En este sentido, es importante que cuente con la autoridad suficiente y el respaldo de la organización en la que se desempeña.

Participación del Cliente

El motor de las actividades para que se desarrollen en una obra es el cliente. Por ello, su involucramiento en el ciclo de vida del proyecto es fundamental, ya que contribuye a agilizar la toma de decisiones, y a retroalimentar el proceso de elaboración de la construcción. De esta manera, para que una obra incremente sus posibilidades de éxito, el cliente debe manifestar interés, para que mediante el contacto que tenga con el representante del contratista (ej: gerente del proyecto), pueda ejercer su influencia en la forma en la que se ejecutan los trabajos.

Integración del equipo ejecutor

La participación en la toma de decisiones de los miembros del equipo que realizará la obra, puede contribuir a mejorar el desempeño general en el proyecto. Hernández (2007) señala que en Japón, la participación de pequeños grupos de individuos en el análisis de problemas cotidianos, ha permitido generar propuestas de mejora para los procesos técnico-administrativos de la organización, a través de los círculos de calidad.

Para lograrlo, es necesario que los empleados sepan que sus contribuciones son relevantes, y que serán tomadas en cuenta para incrementar la eficiencia en el trabajo. Así mismo, el líder debe tener la apertura necesaria para escuchar a sus colaboradores, y reconocer las buenas ideas que permiten mejorar la toma de decisiones.

Experiencia de la Empresa

La experiencia con la que cuenta un negocio en la elaboración de cierto tipo de obras, es fundamental para llevar a cabo las actividades adecuada y exitosamente. En efecto, cuando una empresa se enfrenta por primera vez a un proyecto, la curva de aprendizaje se encontrará en los niveles iniciales, lo que significa que prácticamente todo es nuevo para los involucrados.

En contraste, cuando ya se han realizado proyectos similares en el pasado, el personal corporativo tiende a estar familiarizado con las situaciones, y por complejas que puedan parecer, suelen resolverlas satisfactoriamente. Por ello, la experiencia se considera como un FCE, ya que puede contribuir a que las actividades se realicen de forma eficaz.

Como se puede apreciar, los cinco grupos identificados cubren distintos aspectos que no se deben perder de vista durante la ejecución de un proyecto. Es importante reconocer la existencia de algunos otros factores que también podrían considerarse clave en este contexto (ej: apoyo de la alta dirección, cultura organizacional, uso de tecnologías, establecimiento de estrategias y objetivos, medición y control, definición de procesos, motivación del personal y disponibilidad de recursos), sin embargo, por las limitaciones de tiempo para profundizar más en ellos dentro de este trabajo, solo se han cubierto los ya descritos.

Así, en el siguiente apartado se presentarán algunos beneficios que se esperarían de la administración de proyectos en el funcionamiento de una empresa. Con ello, se tendrá un panorama general de la teoría, y se podrá proceder a la descripción del estudio realizado en el Valle de Toluca para determinar los niveles de uso de los conceptos aquí estudiados.

2.3 Obstáculos para aplicar la administración de proyectos

Uno de los problemas que enfrentan las compañías para aplicar las teorías administrativas que les permitan mejorar sus prácticas, es la escases de recursos. Delgado (2006) encontró que las empresas grandes (con más de 250 empleados según su estándar) tendían a hacer más uso de ellas que sus contrapartes pequeñas.

En efecto, las micro, pequeñas y medianas empresas (MiPyMES) carecen comúnmente de la infraestructura necesaria para poder aplicar las herramientas de manera sistemática. Esto limita su potencial de crecimiento, ya que salvo por la experiencia y conocimientos de alguno de sus empleados, no se llevan a cabo normalmente actividades ni de capacitación, ni de actualización técnica del personal.

Es importante recordar que las MiPyMES juegan un papel importante en el desarrollo económico de las naciones (Regalado, 2007), debido a que se han convertido en el eje principal de la economía de diversos países. De hecho, Wong (2005) argumenta que este sector debe ser apoyado para que en él se adopten las técnicas de administración actuales, y para ello es importante reconocer tanto los factores que permiten realizar dicha adopción, como aquellos que la obstaculizan.

De hecho, con base en los resultados de su investigación sobre los aspectos que impedían la adopción de la gestión del conocimiento en empresas de Reino Unido (Wong, 2005), se proponen para el caso de las herramientas de administración de proyectos los obstáculos presentados en la Tabla 2.2, mismos que se describen enseguida.

Tabla 2.2 Impedimentos para emplear las herramientas de la administración de proyectos (Adaptado de: Wong, 2005)

Impedimentos	
No se conocen	Falta de recursos financieros para aplicarlas
Se ignoran sus beneficios	Falta de experiencia
Falta de interés por aplicarlas	Exceso de información
Falta de tiempo para aprenderlas	Falta de apoyo por parte de la alta directiva

No se conocen: el desconocimiento es uno de los principales motivos por los que no se emplean las herramientas por parte de los potenciales usuarios. En el contexto de la administración de la calidad, Delgado and Aspinwall (2005) encontraron que la velocidad con la que se generan nuevas herramientas supera en ocasiones aquella con la que los empleados de las compañías las pueden aprender. Esto deriva en una falta de actualización que impide aprovechar los beneficios de dichas técnicas en pro del incremento de la eficiencia de las organizaciones.

Se ignoran sus beneficios: esta causa impide que las empresas empleen cotidianamente las herramientas, pues no reconocen las ventajas que les pueden ofrecer. Por ejemplo, en materia de gestión del conocimiento, Wong (2005) encontró que el 45.7 % de una muestra de organizaciones británicas no estaba consciente de las bondades de adoptar las herramientas para realizar dicha gestión. Ejemplos como este revelan que algunas empresas no cuentan con un concepto claro de las teorías administrativas, y de cómo les podrían resultar de utilidad en sus prácticas habituales.

Falta de interés por aplicarlas: en este caso, ni el desconocimiento de las técnicas propiamente dichas, ni el de sus beneficios potenciales influyen en la decisión de no emplearlas. Simplemente se trata de un motivo en el cual los profesionales interesados optan por no utilizarlas, ya que les es indiferente su aplicación. Por ejemplo, Delgado and Aspinwall (2007) encontraron que el método de la ruta crítica era conocido en el sector mexicano de la construcción, pero que su aplicación era aún limitada.

Falta de tiempo para aprenderlas: la dinámica con la que los empleados y administradores de las empresas trabajan hoy en día, limita sus tiempos para participar en cursos de capacitación, o leer información reciente sobre los nuevos desarrollos. De hecho, desde hace más de una década, Covey et al. (1999) afirmaron que los directivos contemporáneos invertían gran parte de su tiempo en actividades urgentes, y que normalmente eran poco importantes, en lugar de destinarlo a aquellas que sin ser urgentes, resultaban relevantes para el desarrollo de sus corporaciones. Esto pone de manifiesto el hecho de que el tiempo para aprender nuevas herramientas es limitado.

Falta de recursos financieros para aplicarlas: este aspecto cobra importancia sobretodo en las MiPyMES, en las que las limitaciones de recursos impiden el desarrollo de actividades como la capacitación. Vargas (2011) sostiene que usualmente el reto de las pequeñas empresas es el de sobrevivir, por lo que pensar en disponer de recursos para aplicar las técnicas administrativas es difícil. Así mismo, argumenta que la falta de educación financiera y estratégica las limita aún más, en relación con la escasez de personal y capital económico. En el caso de empresas de mayor tamaño, Wong (2005) postula que la disposición de recursos con que cuentan, les permite adoptar con mayor facilidad las herramientas.

Falta de experiencia: se trata de una situación en la que los posibles interesados en aplicar las metodologías administrativas, no cuentan con la experiencia necesaria para hacerlo de forma satisfactoria. Esto puede deberse a varios motivos, por ejemplo, Campbell (2002) mencionó que entre los principales retos que tienen las herramientas para ser aplicadas en la práctica están: la resistencia al cambio, la falta de líderes experimentados que dirijan los esfuerzos de implementación y convencer a los usuarios potenciales de que no tienen nada que perder al ponerlas en práctica. Delgado (2006) también sugirió la presencia de un facilitador para orientar los esfuerzos en la implantación de algunas técnicas para la gestión de la calidad.

Exceso de información: en la llamada "era del conocimiento", las fuentes de datos disponibles para las empresas interesadas en actualizarse en el uso de herramientas son muy abundantes. Si no existen mecanismos para discriminar la información, y jerarquizarla de acuerdo tanto a su importancia como a sus implicaciones prácticas para el desempeño de las compañías, se corre el riesgo de sufrir parálisis. Por ello, cuando se decide adoptar herramientas es importante dar respuesta a los planteamientos propuestos por Dale (2003), que son:

- ¿Cuál es el propósito fundamental de la técnica?,
- ¿Qué se alcanzará al aplicarla?,
- ¿Qué beneficios producirá su aplicación aislada?,
- ¿La filosofía de la técnica está de acuerdo con los productos, procesos, personal y cultura de la organización?,

- ¿Cómo facilitará las mejoras?,
- ¿Cómo se ajustará, complementará o soportará a otras técnicas existentes dentro de la compañía?,
- ¿Qué cambios organizacionales se requieren, en caso de ser necesario, para hacer más efectivo el uso de la técnica?,
- ¿Cuál es el mejor método para introducir y utilizar la herramienta?,
- ¿Cuáles son los recursos, habilidades, información, y entrenamiento indispensables para introducir la técnica exitosamente?,
- ¿Tiene la compañía las habilidades administrativas, los recursos y el compromiso para hacer que la herramienta funcione satisfactoriamente?,
- ¿Cuáles son las dificultades potenciales de usar la técnica? y
- ¿Cuáles son las limitaciones de las herramientas?

Con base en el análisis previo, la actividad de seleccionar sólo las técnicas relevantes para mejorar el desempeño de las organizaciones se facilita. Por lo tanto, se acota el problema de exceso de información, ya que únicamente se deberá seleccionar aquella que se relacione con el tema de interés.

Falta de apoyo por parte de la alta directiva: son distintos los autores que coinciden en que el apoyo de la alta directiva es fundamental para implementar cualquier herramienta (Dale, 2003; Wong, 2005, Delgado, 2006). Esencialmente, los directores son los que establecen las líneas a seguir, y proporcionan los recursos necesarios para alcanzar las metas organizacionales. Independientemente del compromiso del personal con las iniciativas, la dirección debe promover un ambiente que motive a su empleo, dar todas las facilidades para que su aplicación sea exitosa. En caso de no hacerlo, se corre el riesgo de que los empleados observen la falta de interés demostrada por sus dirigentes, y no le den la importancia necesaria a los esfuerzos de implementación.

2.4 Factores para promover la administración de proyectos

Una vez discutidos los obstáculos potenciales para practicar la administración de proyectos, ahora se procede a la presentación de algunos factores que pueden contribuir a sistematizar el uso de las herramientas descritas. En la Tabla 2.3 se muestran los que se han adaptado del instrumento empleado por Wong (2005), mismos que posteriormente se detallan.

Tabla 2.3 Factores para motivar el empleo de las herramientas de la administración de proyectos

Factores	
Recursos financieros y de tiempo	Asesorías de expertos
Disponibilidad de tecnología	Uso de guías y metodologías
Actualizaciones	Capacitación

Recursos financieros y de tiempo: tal y como se enfatizó en la sección previa, los recursos en general son necesarios para poder implementar las herramientas en la práctica, por lo que éste es el primer factor considerado. No obstante, es importante recordar que además de los recursos, tiene que existir la voluntad y el deseo de aplicarlas por parte de la directiva y el personal, en beneficio del desempeño del negocio.

Disponibilidad de tecnología: este aspecto se refiere a la facilidad que tiene una organización para acceder a las herramientas tecnológicas que le permitan el uso de las técnicas administrativas. Por ejemplo, para realizar programas de obra es recomendable contar con programas computacionales diseñados para ese fin. Lo mismo ocurre para realizar el control presupuestal, los estimados de costos, y los controles de cambios.

Actualizaciones: de nuevo, la velocidad con que avanza el desarrollo de herramientas innovadoras, y las evidencias que se reportan de su uso en distintas partes del mundo puede provocar que el conocimiento actual quede obsoleto al paso de unos pocos años. Por ello es necesario mantener actualizados a los responsables de dirigir y ejecutar las obras, ya que su experiencia puede capitalizarse de una mejor forma con el uso de las técnicas apropiadas.

Asesoría de expertos: como se puede inferir, se trata aquí de que algún asesor que tenga la experiencia y las habilidades para emplear las técnicas, proporcione la ayuda puntual requerida dentro de la empresa. Con ello, se acorta la curva de aprendizaje al interior de la firma, y se obtienen resultados en plazos razonables. Cabe mencionar que una de las limitantes de este factor, es el hecho de que el conocimiento transferido del experto a la compañía se puede perder si no es documentado y aplicado.

Uso de guías y metodologías: en línea con las ideas anteriores, el uso de guías puede resultar benéfico en el momento de implementar las teorías administrativas en la práctica. En general, los libros, los manuales de organización, los procedimientos y los estándares, pueden ser fuentes relevantes para fomentar su aplicación. Es importante mencionar, que el uso inconstante de las técnicas solo produce beneficios temporales (Dale, 2003), por lo que es recomendable hacer del conocimiento del personal implicado, que se adoptarán ciertas metodologías para que las herramientas se apliquen continuamente.

Capacitación: representa un elemento clave para que los usuarios potenciales conozcan la manera en que se aplican las técnicas. Cabe resaltar que no se trata de que el personal involucrado llegue a dominarlas, simplemente se tiene el propósito de que las apliquen en la solución de los problemas cotidianos que se les presentan, y que sepan "que" herramienta usar para cada situación. En este sentido, Delgado (2006) recomienda el diseño de un programa de entrenamiento en el que se defina con precisión "quien" va a tomar "que" talleres, para evitar el desperdicio de recursos. Además, sugiere que la capacitación se brinde cuando se implementen las herramientas, y no cuando la compañía lo considere conveniente pues el personal tiende a olvidar lo aprendido rápidamente, y se requiere de práctica para consolidar el conocimiento adquirido.

2.5 Impactos de la AP en el desempeño de la compañía

Los beneficios que se pueden obtener al emplear metódicamente algunas herramientas administrativas son variados. En general, cuando se toman en cuenta los factores críticos de éxito discutidos, se puede mejorar el desempeño de la empresa. Por ejemplo, a nivel internacional Delgado et al. (2007b) reportaron las siguientes ventajas, que resultaron después de la aplicación de QFD (Quality Function Deployment- una herramienta para administrar la calidad en un proyecto): mayor satisfacción de los clientes, mejor toma de decisiones, incremento en la eficiencia de los procesos y reducción en tiempos de entrega.

En el contexto nacional, Chamoun (2002) reportó 23 casos de compañías Mexicanas que se habían beneficiado con la aplicación de las técnicas administrativas, manifestando aspectos como: un mejor desempeño financiero, incremento en la calidad de los productos de la empresa, mayor eficiencia, y mejoras en la competitividad organizacional.

De esta forma, se ha identificado que algunos de los impactos posibles de la administración de proyectos en las compañías, pueden incluir aspectos como:

- Un mejor desempeño financiero,
- Mejor toma de decisiones,
- Incremento en la eficiencia y productividad,
- Incremento en la competitividad de la empresa, e
- Incremento en la calidad de los productos.

Enseguida se describe cada uno de ellos, poniendo especial atención en la forma en la que se pueden percibir como mejoras tangibles.

- **Un mejor desempeño financiero,** los responsables encargados del rubro financiero, pueden tener un mejor control de los movimientos realizados en cada proyecto e identificar, por ejemplo, oportunidades de ahorro. Lo anterior se traduce en ventajas financieras para el negocio,
- **Mejor toma de decisiones,** al considerar los factores críticos de éxito, el personal encargado de la dirección, podrá evaluar las alternativas de solución a los problemas presentados, tomando como marco de referencia dichos factores. Es decir, se podrían tomar las decisiones con base en los puntos que se sabe son necesarios para mejorar las posibilidades de éxito de una obra,
- **Incremento en la eficiencia y productividad,** una vez que la alta directiva ha definido que le es conveniente implementar las herramientas en sus prácticas cotidianas, se pueden tener beneficios en la comunicación de los proyectos. Por ejemplo, mediante el empleo de programas se pueden dar a conocer oportunamente las

fechas críticas de un proyecto. De igual forma se pueden tener calendarios de eventos que sirvan al mismo fin, y la aplicación de otras técnicas para mejorar la ejecución y el monitoreo de actividades. Con ello, se pueden percibir mejoras en la productividad de sus empleados,

- **Incremento en la competitividad de la empresa,** esta idea se encuentra relacionada con la discusión previa, en la que si aumenta la productividad de la empresa, existen posibilidades de hacerla más competitiva. Cabe recordar que el término competitividad se define como la capacidad para conseguir un fin en un ambiente de competencia (RAE, 2011). Así, el incremento esperado en la competitividad de la organización se refiere a la ampliación de sus capacidades para alcanzar sus metas, e
- **Incremento en la calidad de los productos de la empresa,** como el personal encargado de realizar las actividades de las obras, estará capacitado en el uso de las herramientas, las tareas que se lleven a cabo se podrán realizar correctamente desde la primera vez, lográndose con ello la reducción de insumos, por el adecuado uso de los materiales de trabajo en la ejecución.

Como se puede apreciar, las bondades de aplicar las herramientas administrativas en la obra son variadas, y se pueden verificar cuantitativamente, como se puede comprobar en los capítulos cuatro y cinco.

2.6. Resumen

Los conceptos teóricos de la administración en general son relativamente recientes, y no tienen más de dos siglos de haberse formalizado. En lo que se refiere al área de construcción, su administración se puede ver beneficiada con el empleo de algunas herramientas que han sido diseñadas para manejar adecuadamente ciertas actividades.

Siendo la industria de la construcción un sector que trabaja constantemente con proyectos, es fundamental identificar las técnicas que pueden contribuir a mejorar su desempeño, durante las etapas de inicio, planeación, ejecución, control y cierre. Para ello, se han presentado algunas herramientas que son frecuentemente citadas en los textos consultados, y que se cree pueden ser de utilidad en la práctica.

Así mismo, se identificaron algunos obstáculos que pueden impedir la aplicación de las técnicas en las obras, y se discutieron los factores que permiten promover la administración de proyectos, considerando aspectos que van desde la disponibilidad de recursos financieros y de tiempo, hasta el uso de guías y metodologías prácticas. Posteriormente, se presentaron los FCEs para aplicar las herramientas en las operaciones cotidianas, y se culminó el capítulo con la exposición de algunos beneficios potenciales de poner en práctica las técnicas.

Con este panorama teórico, ahora se presentará un estudio realizado en el Valle de Toluca, en el cual participaron 60 empresas dedicadas a la construcción de distintas obras, y que revela el estatus actual del sector en la materia dentro de la zona de estudio.

DIAGNÓSTICO DE LAS PRÁCTICAS DE ADMINISTRACIÓN DE PROYECTOS EN EL VALLE DE TOLUCA
C
A
P
Í
T
U
L
O
3

3.1 Introducción

Una vez identificados los conceptos de la AP con base en las investigaciones realizadas a nivel nacional e internacional, y los estudios recientes relacionados con el tema, se procedió a la elaboración de un diagnóstico para determinar el estado que guarda esta rama de la Ingeniería Civil en el contexto del Valle de Toluca. Así, se estableció el siguiente objetivo: conocer las prácticas de Administración de Proyectos en las constructoras operando en la zona.

Para ello, se tuvo que diseñar un instrumento de recolección de datos. Con base en los argumentos propuestos por Romero (2010), se decidió emplear un cuestionario escrito, mismo que sería aplicado directamente a la muestra elegida. Antes de discutir los detalles de la selección de la muestra, se aclara que el cuestionario se elaboró cuidando que cumpliera con los siguientes criterios: simple, preciso y claro. Con la intención de verificar estos aspectos, una vez concluido su diseño con base en la revisión de la literatura presentada en el capítulo previo, se llevó a cabo una prueba piloto en dos empresas. Como resultado, se modificó ligeramente el instrumento, cuyo contenido se reproduce en el Anexo A.

De esta forma, en el presente capítulo se describe el contenido del cuestionario referido, los pasos seguidos para determinar el tamaño de la muestra a estudiar, y la metodología empleada para aplicar el instrumento. Así mismo, se presentan los resultados del estudio, con especial énfasis en su análisis estadístico. En paralelo, las cantidades generadas durante este análisis, son interpretadas para su mejor comprensión.

3.2 Diseño del instrumento de recolección de datos

Una de las primeras decisiones que se tuvieron que tomar para realizar el presente diagnóstico, fue la elección de un medio para recolectar los datos. La primera opción consistía en el empleo del correo electrónico para distribuirlo entre los participantes potenciales, pues se trata de una opción relativamente económica. Sin embargo, una experiencia previa (Delgado et al., 2010), reveló que no todos los invitados participan y que incluso algunos no revisan sus cuentas de correo.

De igual manera, se consideró la posibilidad de realizar entrevistas telefónicas, pero el costo resultaba elevado, y no se disponía de una base de datos confiable sobre la población de estudio. Simultáneamente, se evaluó la posibilidad de generar un cuestionario escrito, alternativa que fue seleccionada debido a que la tasa de respuesta es mejor que la de su contraparte electrónica. Además, se decidió que se aplicaría de manera personal y no vía postal, por que se corría el riesgo en este último caso de que los encuestados se hubieran cambiado de domicilio, o ignoraran la correspondencia con el cuestionario. Desafortunadamente esto resultó costoso en términos económicos y de tiempo, pero como se discutirá más adelante se motivó una buena participación.

Entonces, se optó por generar un documento que fuera breve, para agilizar su aplicación con los miembros de la muestra (cuya selección se describirá en el siguiente apartado). En esencia, se trata de un cuestionario compuesto por cuatro secciones. En la primera se recaba información de la empresa, y se solicitan datos como: nombre, tamaño, giro (industrial, infraestructura, comercial o residencial), en que parte del proceso de construcción se especializa (diseño, construcción o mantenimiento), así como la edad y años de experiencia de la corporación.

En el segundo apartado del instrumento se solicita la información sobre el uso e importancia de las herramientas de administración que se aplican en las compañías, tomando como referencia cuatro categorías: planeación, ejecución, control y cierre. De igual forma, se requiere que los participantes indiquen cuáles son los problemas que enfrenta la empresa en lo concerniente a la aplicación de las herramientas administrativas, y cuáles son algunos factores que les podrían ayudar a conocer más acerca del tema.

En la tercera sección, se pretende conocer los niveles de acuerdo, en términos de uso e importancia percibida, con un conjunto de 22 FCEs de la administración de proyectos. Tanto en ésta parte como en la previa, se emplea una escala de Likert que va del "0" al "5", siendo 0 =no sabe/no aplica, 1 =muy bajo(a), 2 =bajo(a), 3 =moderado(a), 4 =alto(a) y 5 =muy alto(a) esto para calificar el uso e importancia de la segunda sección; y 1 =muy en desacuerdo, 2 =en desacuerdo, 3 =neutral, 4 =de acuerdo y 5 =muy de acuerdo, en la tercera sección.

Por último, se presenta el cuarto apartado donde se solicita información sobre los impactos percibidos que la administración de proyectos ha tenido en el desempeño general de la empresa. De nuevo, el cuestionario completo se presenta en el Anexo A. Por ahora, se procede con la descripción del proceso seguido para determinar el tamaño de la muestra.

3.3 Población y selección de la muestra

De acuerdo con el INEGI, en el Valle de Toluca existen alrededor de 1042 cmprcsas constructoras (INEGI, 2011); cabc rccordar quc una empresa constructora es aquella que se dedica principalmente a la ejecución de proyectos de construcción, tales como desarrollos residenciales, plantas e instalaciones industriales, vías de comunicación, construcciones marítimas, demoliciones, etc., así como a las reparaciones, mantenimiento y reformas mayores a las obras existentes (INEGI, 2004). Como el objetivo principal del trabajo es identificar las prácticas actuales de la administración de proyectos en las empresas del Valle de Toluca, se decidió que la unidad de análisis sería "la empresa".

Por lo que la población para el estudio constaba de este número de organizaciones. Para determinar el tamaño de la muestra, se aplicó la formula [$n = z^2s^2/e^2$] de los autores Burns and Bush (2001), donde "n" es el tamaño de la muestra, "z" es el valor estándar normal para un nivel de confianza del 95% (equivalente a 1.96), "s" la desviación estándar (estimada como 0.65 con su método), y "e" es la precisión, propuesta en este trabajo como ± 20 %, con base en los argumentos de Delgado and Aspinwall (2007), referentes a la relación beneficio/costo del estudio, debido a que entre más precisión se requiera, mas grande tiene que ser la muestra y por lo tanto más costosa. De esta manera, en el presente trabajo se determinó que el 20 % ofrecía beneficios sustanciales a un costo razonable. Así, se obtuvo que la muestra debería contener por lo menos 40 empresas[3] para generar los resultados esperados.

Para determinar las empresas que participarían en el estudio, se investigó en paralelo la ubicación de las que se encontraban en un radio de 60 km alrededor de la Ciudad Universitaria de la Universidad Autónoma del Estado de México (UAEMéx), y los datos de contacto de la organización. Para ello, se utilizó tanto una lista de 27 compañías afiliadas a la Cámara Mexicana de la Industria de la Construcción Delegación Estado de México (CMICEdoMéx), proporcionada por el Dr. David Joaquín Delgado

[3] Para obtener las 40 respuestas, era necesario encuestar aproximadamente a 120 empresas, ya que para este tipo de instrumentos la tasa de participación esperada oscila entre el 20-40 % de acuerdo con Furtrell (1994). así, se asumió que participaría un 30% de los 120, lo que representa prácticamente 40 organizaciones.

Hernández, Coordinador de la Licenciatura en Ingeniería Civil de la UAEMéx, quien también brindó una relación de 9 Ingenieros egresados de esa carrera que laboraban en la entidad, y un conjunto de 12 alumnos de posgrado que cursaban la Maestría en Administración de la Construcción.

De manera adicional, se usó una base de datos facilitada por el Ing. José Maya Ambrosio, Vicepresidente Técnico del Colegio de Ingenieros Civiles del Estado de México (CICEM), que incluía la información de 25 organizaciones dedicadas a la construcción. Y mediante el apoyo de la Ing. Sandra Miranda Navarro, Directora del Centro de Actualización de ese Colegio, se obtuvieron los datos de 7 negocios suplementarios.

Por último, para incrementar la muestra, se agregaron a la muestra 31 empresas en la zona de interés, identificadas por estudiantes del décimo semestre de Ingeniería Civil de la UAEMéx, mediante la localización de obras en campo. Estas organizaciones fueron invitadas a participar en el estudio mediante un oficio de presentación que los alumnos llevaban consigo (ver Anexo B), y aceptaron hacerlo. Así, la muestra inicial incluía 111 participantes potenciales, de los cuales 60 proporcionaron finalmente datos para el estudio.

Esto representa una tasa de respuesta del 54%, que se encuentra dentro de los rangos establecidos por Furtrell (1994) para este tipo de estudios.

Recolección de datos

Habiendo localizado físicamente la ubicación de las empresas[4] de la muestra, para maximizar la participación de las compañías consideradas, se

[4] El llenado del cuestionario se dio en dos ambientes principales, las oficinas de las corporaciones y los sitios de construcción donde se realizaban las obras. Cabe mencionar que al encuestado se le especificaba que tenía que reportar las prácticas de la empresa referentes a la administración de proyectos en general, y no las de una obra en particular.

emplearon dos formas de recolección de datos. En la primera se le dejaba el cuestionario al participante potencial[5], quien indicaba una fecha en la que habría que recogerlo ya respondido. En el segundo caso, se respondía inmediatamente en el momento de la entrevista. Éste último fue más enriquecedor ya que en ocasiones los encuestados ampliaban sus respuestas, dando una justificación para asignar los valores que consideraban apropiados para definir sus prácticas.

El periodo de recolección comenzó en el mes de Abril, y culminó en Diciembre de 2010 debido a la dificultad de conseguir tanto la información de contacto como la participación de las empresas. En efecto, se encontró por ejemplo que algunas compañías ya no existían y otras se habían movido de localidad, lo que prolongó este proceso.

No obstante, una vez que se recolectaron los datos, se comenzó a introducir la información en el programa SSPS 14, el cual permite tratarlos estadísticamente. Durante esta etapa, fue necesario codificar las variables para que el programa las pudiera interpretar. Así, en la primera sección del cuestionario se asignaron valores del 1 a 4 a los conceptos de tamaño[6], edad y experiencia. De igual forma, se establecieron valores binarios a giro y proceso[7], siendo 0 =no participa en ese giro/proceso, y 1 =si lo hace. En las secciones restantes se hizo lo propio llegando a generar la tabla de datos mostrada en el Anexo C, mismos que al ser analizados, generaron los valores descritos enseguida.

[5] Los participantes fundamentales en el estudio fueron directores de empresas y residentes de obra.

[6] Por ejemplo, en tamaño 1 =Micro, 2 =Pequeña, 3 =Mediana y 4 =Grande empresa.

[7] Los giros considerados fueron: industrial, infraestructura, comercial, y residencial; mientras que los procesos fueron: diseño, construcción y mantenimiento (ver Anexo A).

3.4 Resultados

Antes de entrar en materia, es importante mencionar que no todos los 60 cuestionarios se completaron al 100%, aunque se detectó que este hecho obedecía a errores de llenado, y no a la falta de entendimiento de los cuestionamientos planteados, en virtud de que el instrumento ya había sido pilotado. Específicamente, fueron tres los participantes que omitieron la respuesta de una o dos preguntas, lo cual no se considera que afecte la validez de los resultados aquí presentados. Con esta aclaración en mente, ahora se describe el perfil de las empresas encuestadas.

Perfil de los participantes

En términos de tamaño, la muestra se compuso mayoritariamente de MiPyMES, representando en su conjunto el 85% de las compañías consideradas. El otro 15% correspondió a empresas grandes, como se muestra en la Figura 3.1. Estas proporciones difieren ligeramente de las que existen en la economía nacional, en donde el 92.78% de las empresas son micro, el 5.36% son pequeñas, el 1.26% son medianas, y sólo el 0.6% son grandes (SIEM, 2011a). Nótese que en el presente estudio se empleó como único criterio de clasificación para el tamaño, el número de empleados. No obstante, la Secretaría de Economía y el SIEM también consideran la facturación anual de las empresas (SIEM, 2011b).

En virtud de que la información monetaria es sensible y puede ser confidencial, se optó por utilizar solamente el número de empleados.

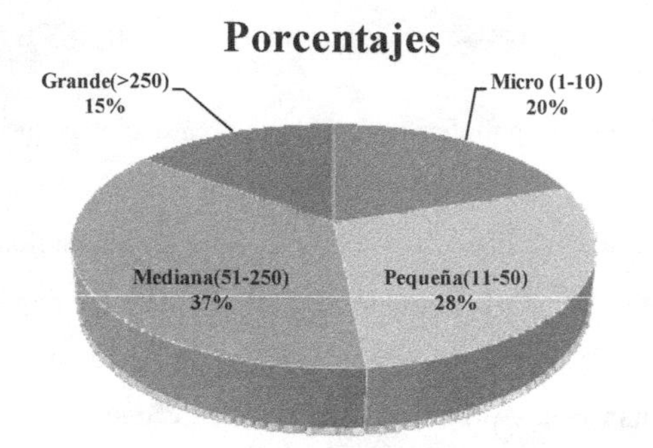

Figura 3.1 Tamaño de las empresas participantes en función de su número de empleados

En lo que se refiere al giro de las organizaciones, en la Tabla 3.1 se presenta la distribución de negocios que tomaron parte en el estudio. Como se puede apreciar, la mayor contribución provino de compañías especializadas en infraestructura, con 41 negocios. Cabe aclarar, que una de las organizaciones se dedica a los cuatro giros considerados, y seis del total se dedican por lo menos a dos de las actividades propuestas. Más aún, se encontró que otras seis se dedicaban además a otras tareas diferentes (ej: reciclado de pavimentos, construcción de instalaciones eléctricas y supervisión). Consecuentemente, el número de empresas en la tabla suma más de 60.

Tabla 3.1 Número de empresas por giro

Giro empresarial	Número de participantes
Industrial	6
Infraestructura	41
Comercial	8
Residencial	8

De igual forma, en la Tabla 3.2 se presentan los datos recabados que reflejan las etapas del proceso de construcción en las que participan las 60 empresas. Nótese que 50 de los 60 negocios se dedica a la construcción, pero algunas de estas también se dedican al diseño y/o al mantenimiento. El lector interesado en conocer mayores detalles del perfil de los participantes, puede consultar el Anexo C, donde se muestran las primeras 45 compañías.

Tabla 3.2 Número de empresas por etapa del proceso de construcción

Proceso de construcción	Número de empresas
Diseño	14
Construcción	50
Mantenimiento	25

Otros datos de interés se presentan en la Tabla 3.3, que muestra tanto la edad que tiene la empresa en el mercado, como los años de experiencia que posee con respecto a la aplicación de las herramientas de AP. Como se puede observar, aunque la cantidad de empresas varia sutilmente, las jerarquías son similares.

De hecho, con base en los datos reportados en cada uno de los 60 cuestionarios, se calculó el coeficiente de correlación de Pearson entre edad y experiencia, obteniendo un valor de 0.698, lo que revela una interacción importante entre ambas variables. Básicamente, entre mayor sea la edad de la empresa, mayor es su experiencia en la AP. Pese a que este resultado no fue sorpresivo, se anticipaba una correlación más intensa entre las dos.

Tabla 3.3 Edades de las empresas y años de experiencia que poseen en la AP

Edad de la empresa	Número de empresas	Jerarquía edad	Años de experiencia en la AP	Número de empresas	Jerarquía experiencia
Menos de 1 año	3	4	Menos de 1 año	7	4
De 1 a 5 años	7	3	De 1 a 5 años	11	3
De 6 a 10 años	23	2	De 6 a 10 años	18	2
Más de 10 años	27	1	Más de 10 años	24	1

3.5 Aplicación de las herramientas de la AP

Análisis de confiabilidad y validez del instrumento de recolección de datos

En términos de la aplicación de las herramientas de AP, se incluyeron en el cuestionario cuatro de las etapas descritas en el capítulo previo (planeación, ejecución, control y cierre), ya que todas tienen la posibilidad de aplicar distintas técnicas en sus procesos. Cada una de ellas, consideró a su vez las herramientas que también se describieron en el capítulo precedente, tal y como se muestra en la Tabla 3.4.

Antes de reportar los resultados generados, se aclara que se verificó tanto la confiabilidad como la validez del instrumento utilizado para recolectar los datos. Así, se llevó a cabo un análisis de confiabilidad con los cuatro grupos de herramientas de la Tabla 3.4. También se realizó un estudio de factor para reducir los 18 elementos de esa tabla, a solo cuatro grupos. La motivación para ello fue facilitar la evaluación estadística, ya que es más sencillo manejar cuatro variables que 18.

Tomando como punto de partida los datos de los 60 cuestionarios para el uso de las 18 herramientas, y utilizando el enfoque propuesto por Saraph et al. (1989), en el análisis de confiabilidad se concluyó que los valores de la alpha de Cronbach eran mayores a 0.6, por lo que de acuerdo con Black and Porter (1996), la agrupación propuesta para las cuatro categorías de herramientas es confiable (ver Tabla 3.5).

Tabla 3.4 Herramientas de AP

Etapa	Herramientas
Planeación	P.1 Plan de proyecto
	P.2 Organigrama
	P.3 Calendario de eventos
	P.4 Programa de abastecimientos
	P.5 Programa del proyecto
	P.6 Estimados de costos
	P.7 Programa de erogaciones
Ejecución	E.1 Administración de concursos
	E.2 Administración de contratos
	E.3 Requisiciones de pago
	E.4 Evaluación de alternativas
Control	C.1 Control del programa
	C.2 Control presupuestal
	C.3 Estatus Semanal
	C.4 Sistema de control de cambios
Cierre	CI.1 Reporte final
	CI.2 Cierre técnico-administrativo
	CI.3 Cierre contractual

Tabla 3.5.Resultados del análisis de confiabilidad y de factor para las herramientas de la AP

Grupo de herramientas	A	KMO	Varianza (%)	Rango de ponderación
Planeación	0.888	0.875	61.154	0.689 - 0.866
Ejecución	0.860	0.774	70.444	0.770 - 0.880
Control	0.802	0.719	65.151	0.757 - 0.875
Cierre	0.840	0.667	76.082	0.787 - 0.922

En el análisis de factor, se cuantificó el indicador de Kaiser-Meyer-Olkin (KMO) para evaluar el tamaño de la muestra, excediendo éste el valor de 0.5 en todos los casos, concluyendo que dicho tamaño era adecuado para el análisis referido (Brah et al., 2002). Así mismo, se determinó el porcentaje de varianza explicada por los elementos de cada grupo, y el rango de ponderaciones de dichos elementos. En todos los casos se obtuvieron valores aceptables (Delgado and Aspinwall, 2005), por lo que la reducción de los datos propuesta anteriormente fue aceptable (planeación, ejecución, control y cierre).

Así, como resultado de estos análisis, se concluyó que el instrumento era confiable y válido por lo que de la evaluación de los datos recolectados se podrían generar conclusiones satisfactorias. Habiendo descrito estas pruebas, ahora se procede a la presentación de los valores encontrados para el uso de las herramientas.

3.5.1 Uso e importancia de las herramientas de la AP

En términos de la utilización de las técnicas analizadas, se encontraron las medias siguientes para cada grupo: planeación (3.89), ejecución (3.67), control (3.60) y cierre (4.02), lo que oscila entre valores moderados y altos. Aparentemente el cierre es la etapa que más uso tiene en la práctica, seguida de la planeación, la ejecución y el control. Cabe recordar que la etapa de cierre incluye: reporte final, cierre técnico-administrativo y cierre contractual, mismos que son normalmente requeridos por el cliente lo cual justifica su nivel de uso.

En lo que se refiere a la importancia percibida, las medias fueron superiores a las de utilización en todos los casos, obteniendo los siguientes valores: planeación (4.31), ejecución (4.14), control (4.26) y cierre (4.42). De nuevo el cierre obtuvo la mayor puntuación, seguida de la planeación, pero los participantes en el estudio ahora le dieron mayor importancia al control que a la ejecución, en contraste con las prácticas de uso reportadas.

Para determinar si existían diferencias estadísticamente significativas entre los niveles de uso e importancia percibida, se llevaron a cabo pruebas **t**. La Tabla 3.6 resume los resultados encontrados, en los que se observa que todas las clases de herramientas presentaron diferencias significativas, ya que el valor **t** obtenido en cada grupo supera al $\mathbf{t}_{crítico}$; o bien, el valor de la probabilidad (**p**) de que las medias sean iguales, puesto que es menor a 0.05, que es el nivel de significancia usado en el análisis. Esto quiere decir, que los participantes consideran como importantes esos grupos de técnicas, pero no los están empleando en la práctica tanto como desearían.

Tabla 3.6 Comparación entre medias a través de pruebas **t** (n = 60)
[$t_{crit\ (grados\ de\ libertad=59,\ nivel\ de\ significancia\ =\ 5\%)} \approx 1.67$]

Herramientas	Media de uso	Media de importancia	Valor t	Valor de p	Resultado
Planeación	3.89	4.31	37.32	0.000	**Sig**
Ejecución	3.67	4.14	26.54	0.000	**Sig**
Control	3.60	4.26	29.00	0.000	**Sig**
Cierre	4.02	4.42	28.97	0.000	**Sig**

Por ejemplo, para el caso particular de las herramientas de control, se encontró la mayor diferencia entre medias (4.26-3.60 = 0.66), lo que significa que las empresas que tomaron parte en el estudio usan los métodos moderadamente (3.60), cuando los consideran de alta importancia (4.26). Recordar que en este grupo se incluyeron las siguientes técnicas: control del programa, control presupuestal, estatus semanal y sistema de control de cambios. La misma interpretación aplica para las otras tres categorías (planeación, ejecución y cierre).

Con la intención de identificar si existían correlaciones entre el uso de un grupo de herramientas y los demás, se llevó a cabo el cálculo de los coeficientes de Pearson, para uso e importancia percibida. En la Tabla 3.7 se muestran los valores obtenidos en términos de uso.

Tabla 3.7 Coeficientes de correlación de Pearson para las herramientas (Uso)

	Planeación	Ejecución	Control	Cierre
Planeación	1	0.726	0.741	0.564
Ejecución	-	1	0.543	0.548
Control	-	-	1	0.535
Cierre	-	-	-	1

Como se puede apreciar, los coeficientes oscilan desde 0.535 (entre herramientas de control y cierre), hasta 0.741 (entre planeación y control). Estos datos revelan que la interacción más importante se da entre algunas técnicas como: programa del proyecto y control del programa (ver la Tabla 3.4 presentada previamente). Las metodologías utilizadas en la etapa de cierre, presentaron las correlaciones más bajas en general, lo que puede sugerir cierta independencia de las herramientas de esa fase con las del resto.

De forma similar, en la Tabla 3.8 se muestran los coeficientes obtenidos en términos de importancia. En contraste con el caso previo, los valores fueron superiores en prácticamente todas las comparaciones. Llama la atención el incremento presentado en las herramientas del cierre, sobretodo el que se registra con el control, que subió de 0.535 para el caso del uso, a 0.732 en el de importancia percibida.

Tabla 3.8 Coeficientes de correlación de Pearson para las herramientas (Importancia percibida)

	Planeación	Ejecución	Control	Cierre
Planeación	1	0.731	0.741	0.682
Ejecución	-	1	0.587	0.638
Control	-	-	1	0.732
Cierre	-	-	-	1

Con este primer panorama, ahora se procede al análisis de diferencias entre las medias obtenidas entre uso e importancia, con base en distintos criterios.

Pruebas de diferencia entre medias

En esta etapa de la investigación, se evaluaron las diferencias nuevamente, pero ahora tomando como punto de partida el tamaño, experiencia, edad, giro y etapa del proceso de construcción en el que participaron las 60 organizaciones, tanto para el caso de uso como el de importancia percibida. Por ejemplo, una de las hipótesis de trabajo suponía que existían diferencias significativas en el uso de las herramientas, en función del tamaño de las compañías. Así, se esperaba que las empresas más grandes hicieran un mayor uso de las técnicas que sus contrapartes pequeñas.

Durante las pruebas de hipótesis, se empleó un análisis ordinario **t** de diferencia entre medias, calculando el valor de Levene para probar la igualdad de varianzas (Levene, 1960). Para facilitar la presentación, en la Tabla 3.9 se han resumido los resultados obtenidos para los grupos de herramientas de planeación, ejecución, control y cierre.

Tabla 3.9 Diferencias significativas para el **Uso** de las herramientas con base en el **Tamaño**

	Micro	Pequeña	Mediana	Grande
Micro	-	-	Planeación, Control	Planeación, Control
Pequeña	-	-	Ejecución	-

Así, se encontró que existen diferencias entre el uso de las herramientas de planeación y control para las empresas micros, medianas y grandes. Como se anticipaba, el tamaño tiene influencia en la aplicación de las técnicas, lo cual se puede explicar por el hecho de que las organizaciones de menor dimensión no cuentan con los recursos necesarios para llevarlas a la práctica.

Así mismo, se detectó que los métodos de ejecución son empleados con mayor frecuencia en empresas medianas que en pequeñas. Quizás esto se explica por el hecho de que las primeras cuentan con más personal para ejecutar las obras que las del segundo grupo. En cuanto a la importancia de las herramientas y tomando en cuenta el tamaño de los negocios, no se encontraron diferencias significativas para ninguno de los grupos.

En términos de la experiencia, el análisis reveló lo que se presumía, es decir, que las compañías con más años de práctica utilizan más los métodos en sus actividades. De manera especial, las herramientas de ejecución se aplican con mayor insistencia en las firmas más experimentadas que en las jóvenes, posiblemente por que las lecciones aprendidas durante los años así se los ha exigido. En la Tabla 3.10 se exponen las diferencias mencionadas.

Tabla 3.10 Diferencias significativas para el **Uso** de las herramientas con base en la **Experiencia** de la AP

	< 1 año	**1 - 5 años**	**6 - 10 año**
> 10 años	Ejecución, Cierre	Ejecución, Cierre	Planeación, Ejecución

En lo que se refiere a la importancia dada a las herramientas, ahora resultó que las empresas que tienen más de un año de experiencia les dan mayor importancia que las recientemente creadas. Esto puede obedecer a que las compañías que ya han desarrollado un número importante de obras, perciben la relevancia que tienen las técnicas en sus prácticas cotidianas.

Como se puede observar en la Tabla 3.11, las organizaciones con experiencia entre 1 y 5 años le dan mayor importancia a la ejecución que las más nuevas. A su vez, tanto los negocios con experiencia entre 6 y 10 años, y los que superan este límite consideran más importantes los métodos de planeación, ejecución, control y cierre que las empresas incipientes. De nuevo, las lecciones aprendidas en las empresas experimentadas pueden ser la causa que motiva estas diferencias.

Tabla 3.11 Diferencia significativa para la **Importancia** de las herramientas de acuerdo a su **Experiencia** de la AP

	1 - 5 años	6 - 10 años	> 10 años
< 1 año	Ejecución	Planeación, Ejecución, Control, Cierre	Planeación, Ejecución, Control, Cierre

Las últimas dos discrepancias encontradas estuvieron relacionadas con la edad, y se presentaron en términos de la importancia percibida. De esta forma, tanto para los métodos de planeación como de control, las organizaciones con edades entre 6 y 10 años señalaron una mayor relevancia que las firmas con menos de un año para los dos grupos. Otra vez se insiste en que las experiencias previas pueden motivar este contraste de visiones.

Aunque también se analizaron las diferencias con base en el giro (industrial, infraestructura, comercial y residencial) y etapa del proceso constructivo (diseño, construcción y mantenimiento), no se detectaron discrepancias ni para el caso de uso, ni para el de importancia percibida. Lo anterior es válido tanto para las técnicas de planeación, como las de ejecución, control y las de cierre.

3.6 Resultados del análisis del uso e importancia de los FCEs

3.6.1 Introducción

En el segundo capítulo se describió la importancia de conocer los FCEs para incrementar las posibilidades de llevar a buen término un proyecto. Para facilitar la lectura, se reproduce a continuación parte de la Tabla 2.1, que presenta las cinco categorías de factores descritos previamente, es decir: seguimiento, competencia administrativa del gerente, participación del cliente, integración del equipo ejecutor y experiencia de la empresa.

Tabla 2.1 Categorías propuestas para los FCEs de la administración de proyectos

Categoría	Factor Crítico
Seguimiento	• Empleo de reportes generales de avance, • Empleo de reportes detallados de avance, • Asignación realista de duraciones a las actividades del proyecto, • Capacidad para definir a tiempo el diseño y las especificaciones del proyecto, y • Capacidad para cerrar el proyecto.
Competencia Administrativa del Gerente	• Habilidades administrativas adecuadas del gerente de proyecto, • Habilidades humanas adecuadas del gerente de proyecto, • Habilidades técnicas adecuadas del gerente de proyecto, • Influencia suficiente del gerente de proyecto en su equipo de trabajo, • Autoridad suficiente del gerente de proyecto, y • Apoyo de la alta dirección.
Participación del Cliente	• Influencia suficiente del cliente, • Coordinación de la empresa con el cliente, e • Interés del cliente en el proyecto.
Integración del Equipo Ejecutor	• Participación del equipo encargado del proyecto en la toma de decisiones, • Participación del equipo encargado del proyecto en la solución de problemas, • Estructura bien definida del equipo encargado del proyecto, • Seguridad laboral del equipo encargado del proyecto, y • Espíritu de trabajo en equipo.
Experiencia de la Empresa	• Similitud del proyecto con proyectos anteriores, • Complejidad del proyecto, y • Disponibilidad de fondos para iniciar el proyecto.

Análisis de confiabilidad y validez del instrumento

Una vez recolectados los datos correspondientes a los niveles de acuerdo que tenían los participantes, con relación al uso de cada aspecto y a la importancia que percibían de ellos, se realizó el análisis de confiabilidad y de factor. Para ello, se siguieron los pasos descritos anteriormente en el apartado de herramientas (ver sección 3.5).

Los resultados obtenidos se resumen en la Tabla 3.12, concluyendo que la clasificación propuesta no era ni confiable ni válida y que no se podía hacer uso de las cinco categorías propuestas originalmente[8].

Tabla 3.12 Resultados del análisis de confiabilidad y de factor para los FCEs

Grupo de factores	A	KMO	Varianza (%)	Rango de ponderación
Seguimiento	0.852	0.751	62.863	0.761 - 0.858
Competencia administrativa del gerente	0.860	0.789	59.295	0.705 - 0.869
Participación del cliente	0.502	0.562	51.249	0.580 – 0.808
Integración del equipo ejecutor	0.871	0.857	66.440	0.680 - 0.871
Experiencia de la empresa	0.569	0.581	54.148	0.639 - 0.819

Así, se realizó una evaluación exhaustiva de los FCEs, para tratar de reagruparlos de otra forma. Como resultado, se llegó a la propuesta reportada en la Tabla 3.13. Básicamente, en esta nueva agrupación hubo cuatro movimientos con respecto a la previa. En primer lugar, se reubicó el factor "similitud del proyecto con proyectos anteriores" pasándolo del rubro de experiencia de la empresa a seguimiento. Algo similar ocurrió con otro factor de ese grupo, "disponibilidad de fondos para iniciar el proyecto", que se desplazó hacia competencia administrativa del gerente. El tercer factor de ese grupo que se movió fue "complejidad del proyecto", que pasó a formar parte de participación del cliente. Por último, se eliminó el factor "influencia suficiente del cliente".

8 Observar que los valores de alpha (α) tanto de participación del cliente como de experiencia de la empresa resultaron menores que 0.6.

Tabla 3.13 Categorías replanteadas para los FCEs de la administración de proyectos

Categoría	Factor Crítico
Seguimiento	• Empleo de reportes generales de avance, • Empleo de reportes detallados de avance, • Similitud del proyecto con proyectos anteriores, • Asignación realista de duraciones a las actividades del proyecto, • Capacidad para definir a tiempo el diseño y las especificaciones del proyecto, y • Capacidad para cerrar el proyecto.
Competencia Administrativa del Gerente	• Habilidades administrativas adecuadas del gerente de proyecto, • Habilidades humanas adecuadas del gerente de proyecto, • Habilidades técnicas adecuadas del gerente de proyecto, • Influencia suficiente del gerente de proyecto en su equipo de trabajo, • Autoridad suficiente del gerente de proyecto, • Apoyo de la alta dirección, y • Disponibilidad de fondos para iniciar el proyecto.
Participación del Cliente	• Coordinación de la empresa con el cliente, • Interés del cliente en el proyecto, y • Complejidad del proyecto.
Integración del Equipo Ejecutor	• Participación del equipo encargado del proyecto en la toma de decisiones, • Participación del equipo encargado del proyecto en la solución de problemas, • Estructura bien definida del equipo encargado del proyecto, • Seguridad laboral del equipo encargado del proyecto, y • Espíritu de trabajo en equipo.

Lo anterior derivó en mejores resultados del análisis de confiabilidad y factor, cuyos valores se resumen en la Tabla 3.14. En esta ocasión, se concluyó que la nueva agrupación era confiable y válida, y que los 21 FCEs considerados podían clasificarse en los cuatro conjuntos propuestos.

Tabla 3.14 Resultados del análisis de confiabilidad y de factor para los nuevos FCEs

Grupo de factores	α	KMO	Varianza (%)	Rango de ponderación
Seguimiento	0.848	0.759	57.419	0.720 - 0.848
Competencia Administrativa del Gerente	0.870	0.827	56.687	0.684 - 0.854
Participación del Cliente	0.660	0.660	59.655	0.763 - 0.777
Integración del Equipo Ejecutor	0.871	0.857	66.440	0.680 - 0.871

Tomando como punto de partida esta clasificación mejorada[9], se procedió al análisis del uso e importancia percibida, y a la búsqueda de diferencias significativas entre medias, como se reporta en las siguientes secciones.

Uso e importancia de los FCEs

En cuanto al empleo de los FCEs y con relación al nivel de acuerdo con que se practicaban, se determinaron las medias siguientes para cada conjunto: seguimiento (3.83), competencia administrativa del gerente (3.97), participación del cliente (3.87) e integración del equipo ejecutor (3.90), lo que representa niveles de acuerdo altos. Se aprecia que la competencia administrativa del gerente fue el punto con mayor uso reportado, quizás porque ese rol es desempeñado por personal que tiene experiencia probada en la AP. Llama la atención que los promedios son similares en el caso de los otros tres aspectos, por lo que se concluye que en general existe un buen uso de estos FCEs.

En términos de la importancia percibida, las medias estuvieron por arriba de las de uso en los cuatro casos, obteniendo los siguientes puntajes: seguimiento (4.46), competencia administrativa del gerente (4.55), participación del cliente (4.31) e integración del equipo ejecutor (4.56). En contraste con el análisis previo, ahora la integración del equipo ejecutor presentó la mayor valoración. Esto puede significar que los participantes consideran importante contar con un equipo de trabajo experimentado. Recordar que esta categoría incluye factores como: participación del equipo en la toma de decisiones y solución de problemas, seguridad laboral, espíritu de trabajo en grupo y organización estructurada de los integrantes.

9 Así, se recomienda la modificación del cuestionario aplicado, eliminando el factor "experiencia de la empresa", como se muestra en el Anexo D.

Para investigar la existencia de diferencias estadísticamente significativas entre los niveles de uso e importancia, nuevamente se llevaron a cabo pruebas **t**. La Tabla 3.15 concentra los valores calculados, en los que se muestra que los cuatro grupos las presentaron. Esto quiere decir que los encuestados están de acuerdo en que los FCEs son importantes, pero no los utilizan prácticamente en la misma medida.

Tabla 3.15 Comparación entre medias a través de pruebas **t**
de las categorías de FCEs (n = 60)
[$t_{crit\ (grados\ de\ libertad\ =59,\ nivel\ de\ significancia\ =5\%)} \approx 1.67$]

Herramientas	Media de uso	Media de importancia	Valor t	Valor de p	Resultado
Seguimiento	3.83	4.46	40.13	0.000	**Sig**
Competencia Administrativa del Gerente	3.97	4.55	42.62	0.000	**Sig**
Participación del Cliente	3.87	4.31	46.31	0.000	**Sig**
Integración del Equipo Ejecutor	3.90	4.56	39.30	0.000	**Sig**

Nótese que el grupo de factores de integración del equipo ejecutor presentó la mayor diferencia entre medias (4.56 - 3.90 = 0.66), lo que podría indicar que las empresas que tomaron parte en el estudio practican menos la participación en grupo cotidianamente (3.90), con respecto a como lo perciben en términos de importancia (4.56). Una interpretación similar aplica para los otros grupos.

Ahora, con la intención de identificar si existían correlaciones entre el uso de una categoría de los FCEs y las demás, se llevó a cabo el cálculo de los coeficientes de Pearson para uso e importancia percibida. En la Tabla 3.16 se muestran los valores obtenidos en cuanto al uso.

Tabla 3.16 Coeficientes de correlación de Pearson para los FCEs (Uso)

	Seguimiento	Competencia Administrativa del Gerente	Participación del Cliente	Integración del Equipo Ejecutor
Seguimiento	1	0.824	0.497	0.691
Competencia Administrativa del Gerente	-	1	0.484	0.680
Participación del Cliente	-	-	1	0.365
Integración del Equipo Ejecutor	-	-		1

Como se puede apreciar, los coeficientes empiezan en 0.365 (entre participación del cliente e integración del equipo ejecutor), y llegan hasta 0.824 (entre seguimiento y competencia administrativa del gerente). Éste último índice puede estar asociado con la experiencia del gerente, ya que él es el que debe motivar el uso de instrumentos para controlar la obra. Entonces el seguimiento recae de forma importante en él, lo que es parte de su competencia administrativa, y que contribuye a explicar la relación entre estos dos rubros, evidenciada por el alto coeficiente encontrado.

Cabe mencionar que la participación del cliente presentó las correlaciones más bajas con los otros cuatro grupos, lo cual no es sorpresivo ya que los demás FCEs se refieren a prácticas internas de la empresa. No obstante, sería recomendable que el cliente participara más en la designación de equipos de trabajo y gerentes, aunque esto puede ser cuestionable en virtud de que no necesariamente conoce la operación de las empresas constructoras. En la realidad, estas actividades se delegan a los supervisores de obra, quienes representan al cliente y se encargan de observar que los trabajos se realicen con base en lo acordado.

En lo que se refiere a la importancia de los FCEs, en la Tabla 3.17 se resumen los coeficientes de correlación obtenidos. En contraste con el caso previo, los valores fueron inferiores en prácticamente todas las comparaciones. Llama la atención la disminución presentada en la relación de los FCEs de participación del cliente e integración del equipo ejecutor, que bajo de 0.365 para el caso del uso, a 0.136 en el de importancia percibida. Este resultado no se esperaba, pues se consideraba que la experiencia del gerente estaría asociada a la de la empresa, y que el coeficiente tendería a ser relativamente alto.

Tabla 3.17 Coeficientes de correlación de Pearson para los FCEs (Importancia)

	Seguimiento	Competencia Administrativa del Gerente	Participación del Cliente	Integración del Equipo Ejecutor
Seguimiento	1	0.504	0.388	0.489
Competencia Administrativa del Gerente	-	1	0.244	0.650
Participación del Cliente	-	-	1	0.136
Integración del Equipo Ejecutor	-	-	-	1

Con estos datos en mente, ahora se procede al análisis de diferencias para las medias obtenidas entre uso e importancia, con base en distintos criterios como el tamaño, el giro, proceso, edad y experiencia de la empresa.

Pruebas de diferencia entre medias

En la primera parte de este análisis se supuso que existirían diferencias significativas en el empleo de los FCEs, en función del tamaño de las compañías. Así, se anticipaba que las empresas más grandes harían un mayor uso de ellos que sus contrapartes de menor tamaño. Siguiendo la metodología empleada en el caso de las herramientas de la AP (ver sección

3.5.1) para analizar las diferencias, se encontró que éstas existían en términos de la competencia del gerente entre las micro y grandes organizaciones para el caso del uso. En efecto, las evidencias indican que los gerentes de empresas grandes tienden a ser ligeramente más competentes (4.56) que los de las pequeñas (4.54).

La totalidad de los resultados encontrados se resumen en la Tabla 3.18. Se puede observar que los FCEs asociados al seguimiento y a la competencia del gerente presentaron cada uno tres diferencias significativas, mientras que el grupo de integración solo presentó una. En lo que se refiere a la participación del cliente, no se detectaron dichas diferencias lo cual puede significar que, independientemente del tamaño, edad, experiencia con la AP, giro y proceso, las empresas son similares en este aspecto.

Tabla 3.18 Diferencias significativas entre los FCEs en función de los criterios: tamaño, edad, experiencia, giro y proceso en el que participan las empresas analizadas

Criterio	Uso	Importancia
Tamaño	[Competencia] Micro (3.59) < Grande (4.33) [Integración] Micro (3.67) < Grande (4.33)	[Seguimiento] Micro (4.26) <Mediana(4.61)
Edad	Sin diferencias significativas	[Competencia] 1 a 5 años (4.30) < más de 10 años (4.64)
Experiencia con la AP	[Seguimiento] 1 a 5 años (3.40) < de 6 a 10 años (4.02) [Seguimiento] 1 a 5 años (3.40) < más de 10 años (3.97)	Sin diferencias significativas
Giro	Sin diferencias significativas	[Competencia] No Industriales (4.51) < Industriales (4.88)
Proceso	Sin diferencias significativas	Sin diferencias significativas

Continuando con el proceso de análisis, se consideró interesante evaluar la presencia de diferencias en las prácticas de las microempresas estudiadas. Los resultados señalan que, en términos de uso, las que se dedican a la construcción de infraestructura utilizan más los cuatro grupos de FCEs que sus contrapartes en otros giros. En contraste, las organizaciones en el segmento residencial utilizan en menor medida los cuatro, con relación a las de los otros giros. Quizás la complejidad de las obras influye en este caso, pues en definitiva los proyectos de infraestructura superan generalmente en dificultad a los residenciales.

Si bien se detectaron algunas otras, las dos reportadas son las que más llaman la atención, pues las diferencias estuvieron presentes en los cuatro FCEs de forma simultánea. Con los datos recolectados se pueden realizar más análisis, aunque debido a la escases de recursos para realizar el presente trabajo no se llevaron a cabo. Nótese que esto no demerita el valor de la investigación, pues se han establecido las bases para que en el futuro se pueda generar más conocimiento a partir de la información recolectada. Habiendo aclarado este punto, ahora se procede a la descripción de los resultados en cuanto a los obstáculos que impiden aplicar la AP en el trabajo de las empresas.

3.7 Obstáculos para aplicar la administración de proyectos

Con base en los resultados obtenidos, se encontró que las empresas participantes tenían algunos inconvenientes para aplicar las herramientas. Tomando como referencia los obstáculos descritos en el capítulo previo, se resumen en la Figura 3.2 los principales problemas reportados por las compañías.

Como se puede ver, los tres principales problemas enfrentados son: la falta de tiempo (36.7%), falta de experiencia (35.0%) y falta de interés (33.3%). Esto significa que aproximadamente una tercera parte de las empresas se han enfrentado con alguna de estas tres dificultades, que les han impedido aplicar las herramientas analizadas. Llama la atención el hecho de que sólo el 8.3% manifestaron no conocerlas, aunque el instrumento empleado no solicitaba información para especificar si se trataba de todas, o sólo algunas.

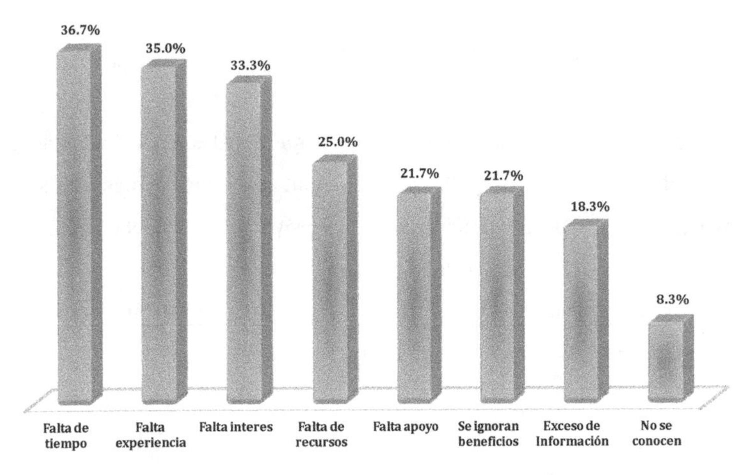

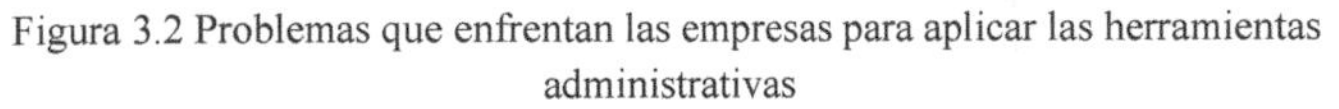
Figura 3.2 Problemas que enfrentan las empresas para aplicar las herramientas administrativas

Para determinar si existía alguna relación entre los obstáculos y el tamaño de las organizaciones, se decidió investigar cual era el principal problema para cada tipo. Así, se obtuvo que la falta de tiempo era el de mayor importancia para las micro empresas, la falta de interés para las pequeñas, tanto la falta de experiencia como de tiempo para las medianas, y la falta de apoyo de la alta directiva para las grandes. Lo anterior sugiere que los obstáculos evolucionan en función del tamaño de las firmas.

Además de estos problemas, se reportaron otros como: falta de personal administrativo, poca continuidad de aspectos técnicos durante cambios de administraciones, falta de coordinación con el personal externo involucrado también en la obra, y alta rotación de empleados en un mismo proyecto. Así, se percibe que el cambio de personal dentro de una obra provoca que el conocimiento y experiencia adquirida por los empleados originales se pierda, derivando en nuevas curvas de aprendizaje que deben desarrollar los de reciente contratación.

3.8 Factores para promover la AP

En esta parte del análisis, se averiguó cuáles eran los factores primordiales que podían ayudar a las compañías a conocer más acerca de las herramientas de la administración de proyectos y su aplicación. Los resultados se resumen en la Figura 3.3, donde se aprecia que los participantes consideran indispensable la capacitación (70%), seguida de las actualizaciones (60%), y el uso de guías (43.3%).

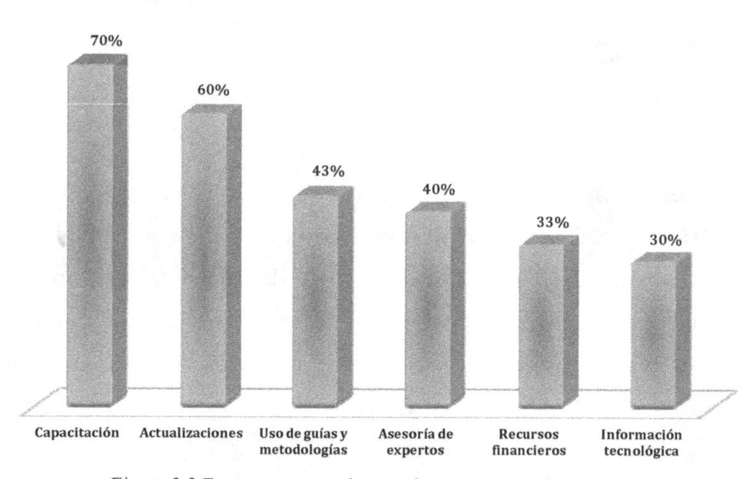

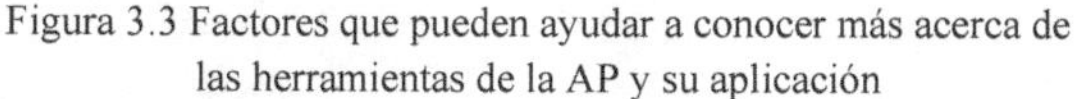

Figura 3.3 Factores que pueden ayudar a conocer más acerca de las herramientas de la AP y su aplicación

La capacitación es sin duda uno de los instrumentos que pueden contribuir a la puesta en marcha de los métodos, aunque su impartición requiere inversiones. En este sentido, resultó sorpresivo notar que únicamente el 33% de las firmas indicó que los recursos financieros podrían ayudarles para incrementar sus niveles de práctica de las herramientas. Se esperaba que este fuera uno de los principales factores, dado que su escasez puede limitar la adopción de nuevas iniciativas.

Así mismo, uno de los negocios expresó que la formación de equipos de trabajo permanentes podría contribuir a practicar más las técnicas. En esencia, se volvió a tocar el aspecto de la rotación, y el participante en cuestión sostuvo que parecía conveniente contar con grupos de individuos que han trabajado recurrentemente en distintos proyectos, pues cada uno conoce las capacidades y limitaciones de los demás, lo que se traduce en mejores resultados. En contraste, manifestó que se tenía que desmotivar el cambio de integrantes del equipo, pues toma tiempo conocer su forma de trabajo, y se requiere de un proceso de adaptación.

3.9 Impactos de la AP en el desempeño de la compañía

Ya se ha argumentado que las empresas que aplican sistemáticamente las herramientas de la administración, pueden lograr beneficios en distintas líneas. Así, con la intención de determinar cuáles eran las ventajas que se podrían esperar después de emplearlas, se cuestionó a los participantes sobre el tema.

En la Figura 3.4 se resumen los porcentajes correspondientes para las cinco principales ventajas identificadas en la literatura, es decir: un mejor desempeño financiero, mejor toma de decisiones, incremento en la eficiencia y productividad, incremento en la competitividad de la empresa e incremento en la calidad de los productos de la organización. Obsérvese que los porcentajes se han calculado con base en la respuesta de las 60 compañías participantes.

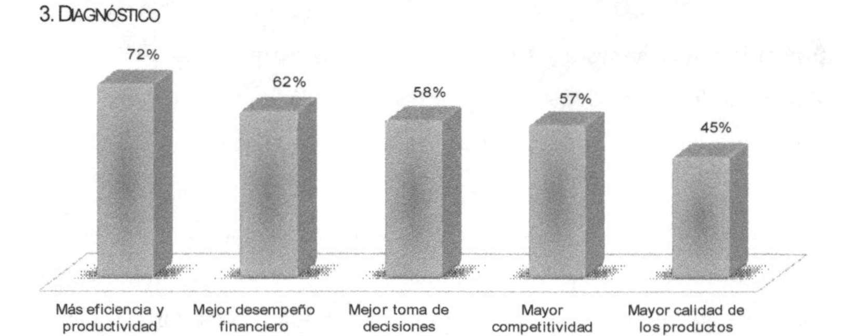

Figura 3.4 Impactos reportados en el desempeño de las compañías como resultado del empleo de las herramientas de la AP

Así, el 72% de ellas considera que su eficiencia y productividad podrían incrementar después de aplicarlas. En segundo término, el 62% de los encuestados percibe que se podría tener un mejor desempeño financiero, y así sucesivamente con los otros factores. Como se puede percibir, el impacto referente a la mayor calidad de los productos sólo se seleccionó por el 45 % de los negocios, lo cual revela que dicha calidad no se asocia tanto al empleo de la AP en la práctica profesional.

Cabe reconocer que estos resultados en particular se deben tomar como preliminares, ya que no cuantifican la magnitud de los beneficios señalados. Entre las tareas pendientes de la presente investigación, está la de llevar a cabo un análisis cuantitativo de estas ventajas. Por ejemplo, para determinar mejoras en el desempeño financiero, se sugiere analizar los estados de resultados de una compañía comparando dos años consecutivos. En el primer año sería necesario conocer que no se aplicaron las herramientas, mientras que en el segundo sí. Esto enriquecería los resultados aquí reportados, aunque no serían concluyentes pues hay factores adicionales que podrían afectar las variaciones en los estados financieros de una organización. De nuevo, simplemente se deja como idea de trabajo a futuro.

Antes de concluir esta sección, se presenta el análisis de correlaciones realizado para determinar la interacción entre los beneficios esperados por la aplicación de la AP. En la Tabla 3.19 se concentran los valores obtenidos, notándose que el incremento en la calidad se asocia con mejoras en la competitividad. Esto ratifica lo que Díaz-Murillo (1993) argumentó desde hace casi dos décadas, que la calidad de los productos de la construcción contribuye a mejorar la competitividad de la industria.

Tabla 3.19 Coeficientes de correlación de Pearson para los impactos esperados por el Uso de la AP

	Mejor desempeño	Mejores decisiones	Incremento en la eficiencia	Incremento en la competitividad	Incremento en la calidad
Mejor desempeño	1	0.168	0.037	0.002	0.024
Mejores decisiones	-	1	0.069	0.080	0.153
Incremento en la eficiencia	-	-	1	0.122	0.197
Incremento en la competitividad	-	-	-	1	0.250
Incremento en la calidad					1

Pese a la anterior afirmación, aquí se encontraron coeficientes de correlación bajos en general. Estos resultados brindan un panorama amplio de la situación que guarda la AP en la práctica, y de manera particular en algunas empresas del Valle de Toluca. Análisis como los aquí reportados, pueden ser generados a partir de los datos incluidos en el Anexo C; sin más preámbulo, se procede ahora a establecer las conclusiones del capítulo.

3.10 Resumen

El análisis realizado revela algunos puntos que vale la pena resaltar. En primer lugar, se observa que las compañías están conscientes de la existencia de algunas de las herramientas de la AP, pero que no las practican cotidianamente. Esto se puede deber a distintos factores, pero la falta de tiempo y la poca experiencia en su uso fueron señalados como dos de los principales. En efecto, las organizaciones actuales en su afán por optimizar el empleo de sus recursos no pueden tener departamentos dedicados a la AP, y generalmente la responsabilidad recae en trabajadores que ya cuentan con otras tareas.

Lo anterior permite explicar parcialmente por qué no se utilizan sistemáticamente las herramientas, y por qué se llegan a tener problemas de retrasos, falta de calidad y sobrecostos en los proyectos de construcción. Llama la atención encontrar que la falta de interés fue más frecuente que la falta de recursos, lo cual puede significar que los encargados de realizar la AP no perciben las bondades de aplicar las técnicas.

En este sentido, queda pendiente identificar empresas que puedan servir de ejemplo por sus "mejores prácticas en la industria", y que cuenten con resultados tangibles sobre los beneficios alcanzados y logren convencer a los negocios del sector para que utilicen la AP metódicamente.

En lo que se refiere a las iniciativas que se podrían implementar para incrementar el uso de las herramientas, se detectó que la capacitación y las actualizaciones son las que se perciben como más útiles. Sin embargo, en un ambiente donde la ya mencionada falta de tiempo prevalece, es complicado pensar en esquemas de capacitación efectivos que se puedan traducir en acciones concretas en campo. Más aún, se cree que en el contexto nacional, no es raro que los directivos consideren la capacitación más como un gasto que como una inversión.

CAPÍTULO 4

ADMINISTRACIÓN DE
PROYECTOS EN LA
PRÁCTICA: UN CASO DE
ESTUDIO. CASO I

4.1 Introducción

Una vez presentada la teoría que abarca la AP y los resultados del diagnóstico de las prácticas del uso de sus herramientas, así como resaltada su importancia para la realización exitosa de un proyecto, en este capítulo se procederá con la exposición de su aplicación práctica. Por lo que se analizarán dos proyectos de ingeniería similares ejecutados por una pequeña empresa dedicada a la construcción, siendo la principal diferencia entre ellos el hecho de que el primero es un proyecto en el cual no se emplearon sistemáticamente ni las herramientas ni las recomendaciones de la AP, mientras que en el segundo sí.

De esta forma, se pretenden identificar coincidencias y discrepancias en sus etapas y resultados, para establecer como el uso de las herramientas de la AP están relacionadas con el desempeño de un proyecto. Así mismo, se presenta a la empresa bajo estudio, continuando con la descripción del primer caso, enfatizando la práctica cotidiana de la empresa en la elaboración de proyectos. Finalmente se hará el análisis cuantitativo y cualitativo de los resultados reportados, manifestando las herramientas y FCEs de mayor uso. De igual forma el estudio del segundo caso se describirá dentro del capítulo 5.

Así, se cree firmemente que los resultados obtenidos, serán aplicables al contexto de empresas que compartan las mismas condiciones en términos de número de empleados y proyectos anuales.

En la Taba 4.1 se presentan las herramientas recomendadas que pueden mejorar el desarrollo de un proyecto, de acuerdo al análisis del capítulo 3, anexando herramientas de la AP que empleó la propia empresa.

Tabla 4.1 Herramientas y técnicas más comunes de la administración de proyectos (Elaboración propia) [Fuente: Chamoun (2002), Alpha consultoría (2010)]

Área	Herramientas	Inicio	Planeación	Ejecución	Control	Cierre
Alcance y Calidad	▪ Especificaciones y Diseño		☑			
	▪ Objetivos y Alcances	☑				
	▪ Control de Calidad			☑	☑	
	▪ Reporte Final					☑
	▪ Estatus Semanal				☑	
Tiempo	▪ Programa del Proyecto		☑			
	▪ Ruta Critica		☑	☑	☑	
	▪ Control del Programa			☑	☑	
	▪ Cierre Físico					☑
	▪ Puesta en Marcha de proyecto		☑	☑		
	▪ Calendario de Eventos				☑	
	▪ Sistema de Control de Cambios					
Costo	▪ Presupuesto	☑				
	▪ Programa de Erogaciones	☑	☑			
	▪ Control del Presupuesto			☑	☑	
	▪ Finiquito					☑
	▪ Cierre Administrativo, de Contratos y Fianzas					☑
	▪ Estimado de Costos		☑			
	▪ Requisiciones de Pago			☑		
Riesgo	▪ Evaluación de Riesgos		☑			
	▪ Monitoreo de Riesgos			☑	☑	
	▪ Plan de Seguridad contra Posibles Riesgos		☑			
	▪ Evaluación de Alternativas		☑			
Abastecimiento	▪ Firma de Contratos y Plan de Adquisiciones		☑			
	▪ Cierre Contractual		☑			☑
	▪ Programa de Abastecimiento			☑		
	▪ Administración de Concursos			☑		
	▪ Administración de Contratos					
Recursos Humanos	▪ Asignación de Recursos Humanos		☑	☑	☑	
	▪ Control de Recursos Humanos		☑			
	▪ Organigrama					
Comunicación	▪ Plan de Comunicación		☑			
	▪ Juntas Semanales de Obra			☑	☑	
	▪ Elaboración de Minutas			☑	☑	
	▪ Bitácora			☑	☑	
	▪ Acta Entrega					☑
	▪ Carpetas as-built (Planos e informes de cómo quedo construido el proyecto)					☑
Integración	▪ Plan de Integración del Equipo		☑			☑
	▪ Lecciones Aprendidas					

Con el fin de identificar las herramientas de cada área del proyecto (ej: alcance, calidad, tiempo y costo), en la tabla se clasificó los instrumentos reportados dentro de cada una de ellas y posteriormente se clasificaron tomando en cuenta la etapa del proyecto en la que pueden ser aplicados.

Con este panorama en mente, ahora se procede a la introducción de la compañía y los proyectos por analizar.

4.2 Presentación de la empresa y caso bajo estudio

La Empresa

La compañía, denominada como empresa bajo estudio por razones de confidencialidad, es un pequeño negocio con seis empleados de oficina permanentes[10] y dos de campo[11], que en épocas pico llega a contar con otros 3 empleados de gabinete, y hasta otros 40 de campo. Fundada en 2001 por un ingeniero que para ese entonces tenía 20 años de experiencia práctica, la compañía se ubica en el Estado de México (Metepec), y realiza proyectos de construcción principalmente dentro de esta entidad.

Con la visión de ser una empresa que brinda seguridad y transparencia en los trabajos que realiza, ha establecido como valores organizacionales: seriedad, transparencia, actualización, y trabajo en equipo. Estos cobran importancia durante las operaciones de la compañía, pues normalmente ofrece sus servicios tanto a empresas del sector público como privado,

[10] 1 Director, 2 Ingenieros, 1 Administrador, 1 Auxiliar contable, y 1 Secretaria
[11] 1 Maestro de Obra y 1 Operador

destacando como clientes principales los gobiernos municipales, estatales y federal, a través de sus distintas dependencias[12].

La organización tiene como objetivo primordial conocer las necesidades y expectativas de sus clientes, para brindar un servicio eficiente y de calidad, con el que se logre su satisfacción total, a través de trabajos especializados en las siguientes áreas:

- Construcción de vías terrestres,
- Conservación de caminos, y
- Obras de alcantarillado y agua potable.

Con estos antecedentes de la empresa, se procederá ahora con la descripción de los casos de estudio. Pero antes se introducirá en términos generales, el tipo de proyecto que se decidió estudiar.

Presentación de los casos

Aunque el área principal de especialización de la empresa es la construcción y conservación de caminos, en este trabajo se analizarán dos proyectos de ingeniería sanitaria, que son también parte de su área de competencia, aunque se ubican en segundo orden. Esto se debió a que, para los casos de estudio, ya se contaba con un proyecto concluido en el que no se habían aplicado las herramientas de la AP, y el segundo que estaba por dar inicio brindaba la posibilidad de ponerlas en práctica.

Cabe señalar que, pese a la experiencia que se tenía dentro de la compañía en la realización de obras sanitarias, no se contaba con antecedentes

[12] H. Ayuntamiento de Toluca, Agua y Saneamiento de Toluca, H. Ayuntamiento de Lerma, Secretaría de Desarrollo Agropecuario (SEDAGRO), Gobierno del Estado de México y Comisión Nacional del Agua (CONAGUA), por mencionar algunas.

prácticos en la ejecución de obras con las características de los casos I y II. Así, resultó interesante llevar a cabo el análisis de ambos casos, ya que con base en la teoría de la AP, las empresas deben especializarse en determinadas áreas de Ingeniería Civil (ej. Vías Terrestres, Construcción, Estructuras, etc.), para incrementar las posibilidades de éxito en sus proyectos.

La organización obtuvo la adjudicación de los dos casos por medio de licitación pública[13], aunque con una diferencia de un año entre uno y otro. De hecho, ambos fueron convocados por la misma instancia: que se denominará aquí "*Dependencia A*" por razones de confidencialidad. Una vez ganadas cada una de las licitaciones correspondientes, la compañía recibió los proyectos ejecutivos de las dos obras, desarrollados previamente por la *Dependencia A*.

De esta forma, la compañía estuvo únicamente involucrada en la construcción de las obras, por lo que en este capítulo sólo serán analizadas las etapas de inició, planeación, ejecución, control y cierre de los proyectos respectivos, dejando de lado la parte del diseño. En la siguiente sección, se describirá el primer caso en estudio (Caso I), que como ya se había adelantado, fue ejecutado con las herramientas empíricas utilizadas asiduamente por la empresa en sus proyectos. Así mismo, se describirá el proyecto, y se hará un inventario de las herramientas empleadas en cada una de sus etapas.

[13] Licitación Pública: procedimiento de conocimiento público mediante el cual se convoca, se reciben propuestas, se evalúan y se adjudica la obra y los servicios. (Gobierno del Estado de México, 2003, Reglamento del Libro XII del Código Administrativo del Estado de México (RLXIICAEdoMex).

4.3 Caso I

4.3.1 Descripción del proyecto

El primer caso de estudio presenta la siguiente descripción: "Entubamiento del Canal la Vega, Santa Cruz Atzcapotzaltongo", con un periodo de ejecución de 90 días naturales, comprendidos inicialmente entre el 12 de Marzo y el 09 de Junio de 2008. Sin embargo, por causas de retraso en el pago del anticipo, la fecha real de inicio fue el 08 de Abril, y la de término el 06 de Julio de 2008.

El trabajo consistió en la construcción de 369 m lineales de bóveda con sección de 2.10 x 1.80 m y 15 cm de espesor, de concreto con f'c = 250 kg/cm^2, y reforzado con varillas de acero del No. 3 (3/8"). En la Figura 4.1 se observa un corte transversal de la bóveda, indicando las especificaciones técnicas de los materiales que fueron usados para su construcción.

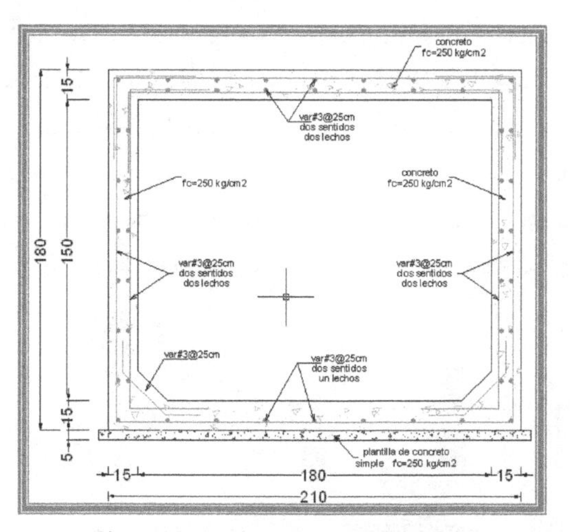

Figura 4.1. Sección transversal de bóveda

(Fuente: Dependencia A - 2008)

En la Figura 4.2 se muestra una fotografía del proceso de fabricación en sitio de dicha bóveda, cuyo objetivo es canalizar el agua del drenaje y de lluvia de las viviendas ubicadas en la zona, a través del canal La Vega, hacia el Río Verdiguel.

Figura 4.2 Proceso de construcción de bóveda
(Fuente: Empresa bajo estudio -2008)

Por otro lado, la Figura 4.3 presenta una vista en planta de la obra, donde se pueden apreciar tanto el proyecto original, como el que realmente se construyó. Es importante mencionar que la longitud original de construcción era de 491 m lineales, sin embargo, en realidad solo se construyeron 369 m, debido al incremento de volúmenes de materiales y de costos. Esto propició que la obra proyectada no se concluyera en su totalidad, situación de la que no fue responsable la empresa bajo estudio.

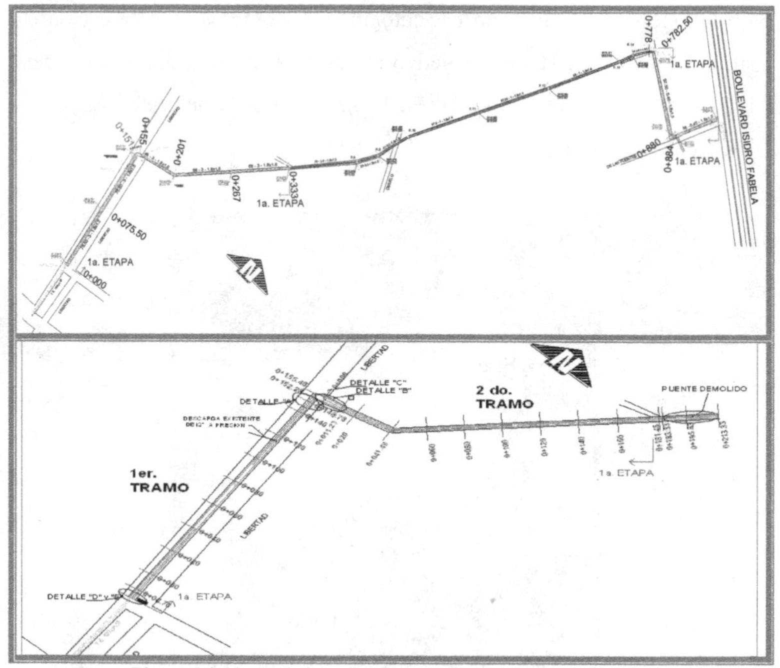

Figura 4.3 Planta de bóveda, (Fuente: Dependencia A – 2008)

4.3.2 Herramientas empleadas en las etapas del proyecto

Habiendo presentado de manera general el proyecto, ahora se procede a la descripción de las herramientas de la AP que en él fueron usadas. De acuerdo con la Tabla 4.1, referente a las herramientas y técnicas más comunes de la AP, se pueden analizar las actividades que fueron realizadas en el Caso I, así como las herramientas y técnicas utilizadas. Con base en aquella lista, se ha construido la Tabla 4.2, donde se presentan las actividades, técnicas y herramientas empleadas en el entubamiento del canal La Vega, así como las que no se usaron.

Tabla 4.2 Actividades, técnicas y herramientas que fueron utilizadas (Elaboración propia)

Etapa	Actividades	¿Realizado?	Descripción de Herramientas y Técnicas utilizadas
Inicio	Objetivos y alcances	Si	Los objetivos y alcances del proyecto se especificaron por parte de la dependencia, aunque los primeros no se lograron totalmente.
	Presupuesto	Si	La realización del presupuesto se hizo con base en los documentos de la licitación pública correspondiente, con estricto apego a las especificaciones y catálogo de conceptos en ellos establecidos.
	Programa de erogaciones	Si	El programa de erogaciones se realizó con base en la propuesta entregada en los documentos de licitación pública emitidos por la dependencia.
Planeación	Especificaciones y diseño	Si	Se emplearon aquellas entregadas por el organismo.
	Programa de actividades	Si	El propuesto se incluyó en la licitación pública, aunque se realizó una reprogramación de obra por el retraso al inicio causado por la entrega tardía del anticipo.
	Ruta crítica	No	Se utilizó un programa de actividades general en el que se marcaron las actividades críticas con base en el programa propuesto.
	Programa de erogaciones	No	No se utilizó, pese a la existencia de uno, incluido en la licitación pública.
	Evaluación de riesgos	No	No se realizó una evaluación de riesgos. Pero se intuía su existencia debido al procedimiento constructivo propuesto por la dependencia.
	Plan de seguridad contra posibles riesgos	No	No existió un plan de seguridad contra posibles riesgos.
	Firma de contratos y plan de adquisiciones	Si	No se propuso un plan de adquisiciones, pero antes de dar inicio con la obra, se abastecieron los materiales y equipos necesarios para su inicio.
	Asignación de recursos humanos	Si	Se designó con anticipación al personal que trabajaría en la obra.
	Plan de comunicación	No	No existió un plan de comunicación, sin embargo hubo interacción constante entre el personal administrativo y el de campo.
	Plan de integración del equipo	No	No existió un plan de integración del equipo.
	Organigrama	Si	El organigrama utilizado en esta empresa es el genérico (ver fig. 3.5), donde tanto el personal administrativo, como el técnico tienen conocimiento del mismo, sin embargo no existe inducción de ese funcionamiento, además de que al personal de obra (maestros de obra, ayudantes, etc) no se les da el conocimiento de éste, pero identifican al Superintendente y Director de Obra como sus jefes inmediatos. Debe notarse que el organigrama manejado no es identificado por el personal técnico de la empresa o dependencia contratante.
	Calendario de eventos	No	La empresa no utiliza un programa de eventos que le facilite la identificación de fechas de actividades próximas, tales como juntas, entregas de estimaciones, fecha límite de obra, etc., sin embargo tiene el control de los eventos más importantes aunque en ocasiones presenta retrasos en entregas de estimaciones y documentación solicitada por la dependencia.

Tabla 4.2 Actividades, técnicas y herramientas que fueron utilizadas
(Elaboración propia — Continuación)

Etapa	Actividades	¿Realizado?	Descripción de Herramientas y Técnicas utilizadas
Planeación	Programa de abastecimiento	No	Durante el proceso de elaboración de la Licitación se planifican los materiales a utilizar y los proveedores, según la zona de la obra, sin embargo no se realiza un programa de abastecimiento que indique los proveedores, anticipos y fechas de entrega de material en el lugar de los trabajos, requeridos para la realización de la obra.
	Estimado de costos	Si	Se realiza durante el proceso de licitación de la obra, en base a los presupuestos cotizados de materiales para esos trabajos, el cual fue entregado en la propuesta y aceptado por el organismo.
Ejecución	Puesta en marcha del proyecto	Si	Se puso en marcha el proyecto con base en lo planeado, aunque hubo un desfasamiento de 28 días.
	Administración de concursos	Si	La empresa realizó previo a la asignación del proyecto una propuesta que fue evaluada junto con otras por la Dependencia A; donde cumpliendo con los requisitos y especificaciones para la ejecución de la obra, le fue asignada.
	Administración de contratos	Si	Los contratos para la adquisición de materiales y/o compra o renta de equipo se realizan una vez adjudicada la obra en el momento que se requiera.
	Requisiciones de pago	No	Las requisiciones de pago para la ejecución de los trabajos fueron por medio de Estimaciones de Obra, las cuales tardaron en pagarse debido a la falta de conciliación de los generadores, pagándose casi 9 meses después de concluidos los trabajos.
	Evaluación de alternativas	Si	Durante la elaboración de la propuesta, se realizó un análisis de los proveedores que ofrecieran calidad y precio de los materiales a ocupar cercanos al lugar de la obra, con el fin de minimizar costos sin afectar la calidad de los trabajos, una vez adjudicado el proyecto se revisó a los distribuidores considerados en la propuesta para la ejecución de la obra, en donde se evaluaron algunas otras alternativas en el caso de suministro de tubería de PEAD.
Control	Control de calidad	Si	No hubo un control de calidad estricto en la ejecución del proyecto por parte de la empresa. La dependencia designó a un supervisor para revisar los trabajos y asegurar que fueran realizados adecuadamente, con la calidad especificada en el proyecto. Se obtuvieron pruebas de laboratorio para verificar la calidad de los materiales, las cuales fueron exigidas en el catálogo de conceptos del proyecto.
	Ruta crítica	No	Se utilizó un programa de actividades general en el que se marcaron las actividades críticas con base en el programa propuesto. Sin embargo, no hubo seguimiento de ruta crítica.
	Control del programa	Si	Se respetó en su mayoría el programa de obra propuesto inicialmente. Se siguió el programa, pero no se verificó su cumplimiento con respecto a los tiempos obtenidos.
	Monitoreo de riesgos	Si	Los riesgos se presentaron durante la ejecución de los trabajos, y con base en sus características se propusieron soluciones para eliminarlos.

Tabla 4.2 Actividades, técnicas y herramientas que fueron utilizadas (Elaboración propia — Continuación)

Etapa	Actividades	¿Realizado?	Descripción de Herramientas y Técnicas utilizadas
Control	Control del presupuesto (plan de erogaciones)	No	No hubo un seguimiento del presupuesto (plan de erogaciones). Se realizaron estimaciones de obra ejecutada, pero se tuvieron problemas debido a la tardanza de conciliación de medidas (cuantificación) de obra.
	Control de recursos humanos	Si	Se organizaron cuadrillas de trabajo para la ejecución de las tareas. Se registraron listas de asistencia.
	Juntas semanales de obra y elaboración de minutas	Si	No se realizaron juntas semanales de obra. Sin embargo hubo pláticas diarias del gerente con el superintendente, donde se informaban los avances, contratiempos y materiales requeridos para la obra. Además se hacían planes a corto plazo donde se especificaban los trabajos que serian realizados al día siguiente. Se efectuaron minutas de campo con el supervisor de obra, sobre todo cuando se presentaban cambios en el proyecto
	Bitácora de obra	Si	Se realizó la bitácora conjuntamente entre el superintendente y el supervisor de obra, aunque no se actualizó constantemente.
	Estatus Semanal	No	Aunque se tiene un control de los trabajos realizados en el lugar por el director y superintendente de obra (monitoreando los costos y avances de la obra), estos no se ejecutan de forma semanal ni entregados como una herramienta adoptada por la empresa, trayendo como consecuencia la falta de planeación de los trabajos restantes así como el exceder el costo de obra, debido a los cambios de proyecto, volúmenes adicionales y conceptos fuera de catálogo, generados en el transcurso de la misma.
	Sistema de control de cambios	No	El único registro de cambios en el proyecto utilizado por la empresa es mediante la Bitacora de Obra y las Minutas de Campo, mismas que son avaladas por el supervisor de obra del organismo y el superintendente, y una vez aceptadas las modificaciones (en caso de existir) se procede a realizar los cambio del proyecto, sin embargo la empresa no utiliza alguna herramienta que le facilite la identificación de cambios de proyecto y el control del mismo.
Cierre	Reporte final	Si	Se realizó un concentrado de estimaciones para el organismo, el cual muestra el estado financiero de la obra.
	Cierre físico	Si	Se reportó el término de la obra a la dependencia. Se hizo la limpieza general de la obra y se retiró el material, maquinaria y equipo del lugar de los trabajos.
	Finiquito	Si	El finiquito se realizó una vez conciliados, con el supervisor de obra, todos los trabajos ejecutados. Este procedimiento llevó tiempo para su cierre.
	Cierre de contratos y finanzas	Si	Se realizó a tiempo el cierre administrativo de la obra. Los contratos y finanzas se terminaron en el plazo acordado.
	Acta entrega	Si	Una vez finiquitada la obra se precedió a la generación del acta entrega por parte de la dependencia.
	Carpetas as built	Si	Se entregaron al organismo los planos finales del proyecto, así como un reporte fotográfico del mismo.
	Lecciones aprendidas	No	La empresa bajo estudio no llevó a la práctica la realización de un reporte de lecciones aprendidas al termino del proyectó.

Como se puede apreciar en la Tabla 4.2, la etapa de planeación es en la que menos se aplicaron las herramientas de la AP, seguida de la fase de control, y dejando al final de la lista los periodos de ejecución y cierre. En lo que se refiere a la planeación, no se utilizaron formalmente las siguientes técnicas: ruta crítica, programa de erogaciones[14], evaluación de riesgos, plan de seguridad de riesgos, plan de comunicación, plan de integración del equipo de trabajo, calendario de eventos y programa de abastecimiento. Para la etapa de control no se empleó: control de calidad, control o seguimiento de ruta crítica, seguimiento del presupuesto, monitoreo de riesgos, estatus semanal y sistema de control de cambios.

En consecuencia, durante la ejecución no se le dio seguimiento a una ruta crítica, aunque si se recurrió tanto al procedimiento constructivo, como al juicio y experiencia del director del proyecto[15] para realizar los trabajos. En la parte de requisiciones de pago, existió una falta de continuidad en la elaboración de estimaciones, lo que provoco un retraso en el pago de los trabajos ejecutados. Tampoco hubo un seguimiento sistemático del presupuesto en obra (plan de erogaciones), pero en el área de administración y contabilidad de la empresa, si se registraron los gastos generados, así como las fuentes de las cuales se obtuvieron los recursos invertidos, mediante informes mensuales o quincenales al responsable del proyecto.

Por otra parte, no se realizaron juntas semanales para discutir el estado de la obra, pero hubo pláticas diarias entre el director del proyecto y el

---

[14] Programa de erogaciones es aquel programa que desglosa por periodo de tiempo los gastos para la ejecución de un conjunto de actividades.

[15] Director de Proyecto o Director Técnico, es el responsable de que el proyecto se ejecute de acuerdo a los plazos, costos y estándares de calidad establecidos. Su misión fundamental es establecer objetivos claros para todo el equipo y determinar los plazos en que se deben alcanzar. A partir de ahí, debe realizar un seguimiento exhaustivo del desarrollo del proyecto y corregir cualquier desviación que se produzca.

superintendente de obra[16], en las que éste último informaba sobre los trabajos realizados, contratiempos y materiales que eran necesarios para la obra. Además, el director del proyecto planeaba los trabajos a realizar en los días siguientes, y efectuaba visitas a la obra un mínimo de tres veces por semana para revisar avances y verificar la implementación del procedimiento constructivo establecido.

En la etapa de inicio, el objetivo, alcance, presupuesto y plan de erogaciones de la obra fueron especificados por la *Dependencia A*, en las bases de licitación. En lo que se refiere a la etapa de cierre, las actividades se desarrollaron en dos sentidos; por un lado se tuvo el cierre físico de la obra, y por el otro el cierre administrativo de los contratos y fianzas. Además, se finiquitó el proyecto una vez que se terminaron de conciliar y cuantificar las medidas de los trabajos ejecutados, se entregó un reporte final, en el que se describió el estado financiero del proyecto, y se entregaron los planos y el reporte fotográfico de cómo quedo construido el canal (as-built). Por último se elaboró el acta entrega-recepción de la obra, y ésta se recibió por parte de la *Dependencia A*.

Cabe mencionar que durante la ejecución de los trabajos, la empresa generó una carpeta especial, en la que se archivaron todos los documentos enviados y recibidos referentes al proyecto, así como el contrato, el diseño, el catálogo de conceptos, la autorización de precios unitarios fuera de catálogo, las autorizaciones de volúmenes adicionales y los convenios agregados (por monto y/o por plazo), las minutas de campo, las notas de bitácora, las estimaciones realizadas, y el acta entrega-recepción.

[16] Superintendente de Obra, es el representante del contratista acreditado ante el contratante para cumplir con la ejecución de los trabajos conforme al contrato (Gobierno del Estado de México, 2003).

Una vez identificadas las actividades, herramientas y técnicas utilizadas en el Caso I, ahora se procederá a analizar cada una de ellas, con base en la Tabla 4.2. El lector debe notar que las descripciones de las actividades realizadas están implícitas en los detalles dados a continuación, y que sólo se presentarán las herramientas que si se emplearon en el caso.

Inicio

Objetivos y alcance del proyecto

El proyecto surgió de la necesidad de cerrar un tramo del canal existente, y de ampliar el cauce del agua, debido a que en época de lluvias se inundaba la zona, dañando las viviendas de la mayoría de las personas que radican en sus cercanías.

En la Figura 4.4 se muestra una imagen satelital del lugar de los trabajos, en la que pueden apreciarse las viviendas de la zona que normalmente sufren inundaciones por el desbordamiento del canal ahí existente, causa por la que era necesaria la construcción de la bóveda en este tramo del canal.

Por lo que el objetivo del proyecto fue beneficiar a las viviendas que se ubican en esa zona, teniendo como alcance la construcción de 491 m lineales de bóveda en las áreas más afectadas, es decir, aquellas donde se encuentra un mayor número de hogares. Sin embargo, como se mencionó en la descripción del proyecto, por causas ajenas a la empresa, solo se logró la construcción de 369 m lineales.

Figura 4.4 Viviendas afectadas por posible inundación del área
(Fuente: Google earth - 2009)

Presupuesto

Una vez planteado el objetivo y el alcance de la obra, la *Dependencia A* generó un catálogo de conceptos que incluía los trabajos necesarios para su realización, cuantificando los volúmenes correspondientes, y verificando que los recursos para su ejecución estuvieran disponibles. Como resultado, se creó un catálogo que comprendía la elaboración de 24 conceptos. Dicho catálogo fue incluido en los documentos de licitación pública.

Una vez adjudicada la obra, la *Dependencia A* revisó la versión original del presupuesto que la empresa había presentado durante el concurso, y analizó con detenimiento cada uno de los Precios Unitarios[17] (PU) de los 24 conceptos, aprobando sin modificaciones la inversión de $ 2´097,752.58 + IVA. En el Anexo E se muestra de manera representativa parte del presupuesto entregado a la *Dependencia A*, mismo que fue utilizado durante todas las etapas del proyecto.

[17] Precio Unitario: es el importe por unidad de medida para cada concepto de trabajo (Gobierno del Estado de México, 2003).

Programa de erogaciones

De igual forma, durante el proceso de licitación, la empresa entregó los programas de erogaciones mensuales correspondientes a: mano de obra, materiales, maquinaria y equipo, los cuales se basaron en el presupuesto aprobado; ejemplos de estos pueden ser consultados en el Anexo E. Cabe mencionar que en el proceso de ejecución del proyecto, ninguno de estos programas fue utilizado debido a que no se consideró necesario su empleo, esto debido a que la empresa no tiene en práctica el control detallado en cada uno de estos rubros, por lo que se utilizó durante el proyecto sólo el programa general de los trabajos.

Planeación

Especificaciones y diseño

Para esta obra se utilizaron las especificaciones y el diseño del proyecto entregados a la empresa durante el proceso de licitación, por parte del departamento de planeación y proyectos de la *Dependencia A*. Cabe mencionar que una práctica común dentro de la compañía, está orientada a evitar la acumulación de expedientes de licitaciones que no han sido adjudicadas. Por ello, cuando se participa en un concurso, se entregan impresos los documentos que integran la propuesta técnico-económica, y solo cuando se gana la obra se recuperan los archivos mediante la solicitud correspondiente dirigida a la dependencia involucrada.

En este caso en particular, cuando se ganó y adjudicó la obra sólo se pudo rescatar el diseño del proyecto, donde se incluyeron tanto el plano como el catálogo de conceptos autorizados. Sin embargo no se pudieron rescatar las especificaciones[18], que pueden llegar a ser útiles durante la construcción, sobre todo cuando una empresa carece de experiencia en la ejecución de ciertos procedimientos constructivos.

Durante la elaboración del proyecto, la empresa se apegó a las especificaciones contenidas en el plano (Figura 4.3), así como a la descripción de los trabajos indicados en el catálogo de conceptos aprobado.

Programa de actividades

Como ya se mencionó, el proyecto tuvo un periodo de ejecución de 90 días naturales, por lo que el programa de obra se ajustó a ese lapso de tiempo. En el Anexo E se muestra parte de la versión final[19], misma que fue generada en el programa "Opus Ole" durante el proceso de licitación pública, y adaptada después de la adjudicación a las nuevas fechas de inicio y término, por el ajuste de días que se tuvo.

Esta herramienta computacional es la que más se asemeja a la ruta crítica, y fue utilizada a lo largo de la ejecución del proyecto. Una vez que se tuvo la primera versión del programa de obra, se realizó un convenio adicional para ampliar el plazo de ejecución 45 días adicionales, y la *Dependencia A* solicito que se actualizará dicho programa. Aunque la empresa bajo estudio realizó las modificaciones, la segunda versión del programa solo se utilizó para cumplir con el requisito exigido por la dependencia, pero no se empleó como herramienta de trabajo. En este sentido, fue la versión original la que se utilizó en todo momento durante la ejecución, y sobre ese documento se

[18] Durante el proceso de licitación la dependencia solicita a las empresas participantes la entrega de todos los documentos entregados por la misma para la realización de la propuesta, una vez adjudicado el proyecto, por lo general, la dependencia sólo entrega a la empresa ganadora el contrato de obra, el catalogo de conceptos, y planos autorizados.

[19] Programa de Ejecución (Programa de Obra o Programa de Actividades) es aquel documento que contiene los conceptos de trabajo y el calendario previsto para ejecutar la obra o brindar un servicio (Gobierno del Estado de México, 2003).

fueron haciendo los cambios pertinentes, y sirvió como guía para las actividades de control.

Firma de contratos y plan de adquisiciones

Para la adquisición de los materiales de la obra, no se elaboró ningún tipo de plan formal. Igualmente, no se tuvo la necesidad de firmar contratos para lograr dichas adquisiciones, ya que ni los volúmenes comprados ni los tiempos de entrega lo justificaron. Sin embargo, a lo largo de la ejecución del proyecto, se prevenía con al menos dos días de anticipación (y en ocasiones hasta con una semana), la cantidad y tipo de materiales, equipo y personal a usar en el sitio de construcción. Durante ese tiempo se realizaba la cotización y/o pago del insumo requerido en la obra.

Cabe mencionar que la mayoría de los materiales y equipo rentado, fueron proporcionados por personas y empresas con las que anteriormente se había trabajado, lo que permitió disminuir la incertidumbre de entrega, pues los proveedores contratados habían suministrado oportunamente en el pasado lo requerido.

Asignación de recursos humanos y organigrama

En lo que se refiere a la asignación de recursos humanos, como es rutina dentro la empresa, se tuvieron dos áreas bien definidas: la técnica y la administrativa. En la primera se designó a un superintendente de obra, mismo que estuvo a cargo del control del personal que laboró en el sitio (equipo de trabajo). Así mismo, se contó con un maestro de obra, encargado de controlar el buen funcionamiento de las cuadrillas de trabajadores. Por otra parte, en el área administrativa, integrada por el asistente contable y administrador, se manejaron los ingresos y egresos de la obra, el pago de impuestos y se realizaron los trámites correspondientes.

Es importante mencionar que el director general de la compañía, quien asume el cargo de director de obra en todos los trabajos de la empresa, supervisó la ejecución de las actividades realizadas por ambas áreas. En la Figura 4.5, se aprecia el organigrama de la firma en estudio, el cual se toma como base para la asignación de recursos humanos en los proyectos de la organización.

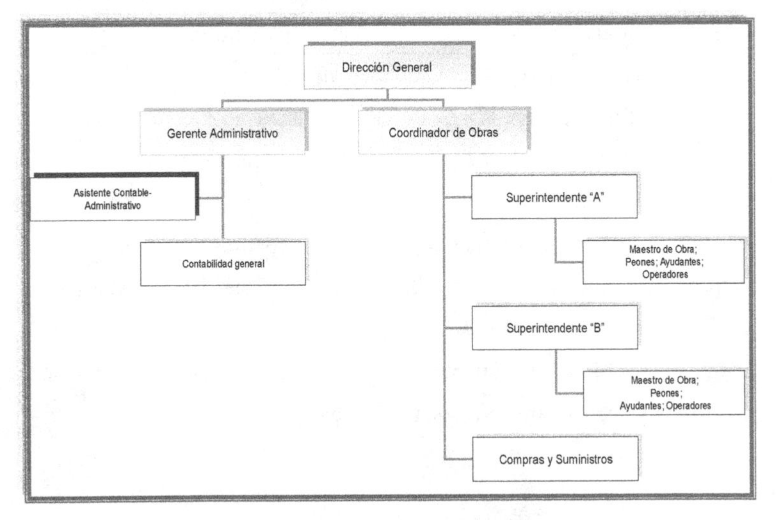

Figura 4.5 Estructura organizacional de la empresa
(Fuente: Empresa bajo estudio - 2008)

Como se puede observar, en este caso solo se representaron dos proyectos simultáneos, a cargo de los superintendentes A y B. No obstante, la estructura es dinámica e históricamente se han tenido como máximo tres proyectos paralelos, por lo que al organigrama se le ha tenido que agregar a un tercer superintendente. Dicha estructura es empleada y conocida por los integrantes del proyecto (personal técnico y administrativo), por lo que cada empleado sabe a quién debe reportar sus actividades.

Así, con base en la teoría y las herramientas de la AP, la firma en estudio presenta una organización del tipo funcional debido a que, como ya se había adelantado, se divide en dos departamentos especializados para la ejecución de sus proyectos: el técnico y el administrativo.

No obstante, nótese que la compañía analizada no utiliza un organigrama en el que se incluya a la instancia contratante (*Dependencia A*); quizás el uso de un organigrama donde se incluyan los nombres y cargos de la dependencia, así como de la compañía, permitiría al personal identificar con quien dirigirse para la resolución de ciertos acontecimientos que se generen en el transcurso del proyecto. Además, los empleados de campo (maestros de obra, ayudantes, personal de laboratorio, etc.) no conocen la existencia de esta herramienta ni se les proporciona información al respecto; sin embargo debido a la rotación continua del personal en esta área puede considerarse suficiente hacer de su conocimiento del organigrama sólo a aquellas personas que pueden indicarles los trabajos a ejecutar (Director y Superintendente de Obra).

Ejecución

Puesta en marcha del proyecto

En ocasiones, para poner en marcha un proyecto adjudicado por medio de una licitación pública, se establece como requisito por parte de la dependencia que contrata a la empresa ejecutora, el pago de un anticipo. Por esta razón existen diferimientos de plazo en la fecha de inicio de la obra, ya que la empresa tiene el derecho de comenzarla una vez que se le haya otorgado dicho anticipo, aun cuando haya sido firmado el contrato antes de esa fecha.

En el caso de estudio, se insiste que existió un retraso en la fecha de inicio de la ejecución del proyecto, debido a que se tenía que otorgar un anticipo correspondiente al 30% del monto total sin IVA del contrato (firmado con fecha 11 de Marzo de 2008), otorgándose el anticipo 28 días más tarde (7 de Abril de 2008). Por esta razón los trabajos en campo iniciaron el 8 de Abril, para lo cual la empresa solicitó un diferimiento de plazo por 28 días, mismo que le fue otorgado. Así, a partir de esta fecha fue ajustada toda la documentación relacionada con el Caso I.

Administración de concursos y de contratos

Como ya se mencionó, para la adjudicación de este proyecto, la empresa participó en la Licitación Pública correspondiente, donde resultó ganadora. Previo al inicio de los trabajos se realizó un plan de suministro de materiales y maquinaria necesaria, llevando a cabo los contratos pertinentes para la compra y/o arrendamiento de la misma. Cabe mencionar que los acuerdos se llevaron a cabo en el momento en que se requería el abastecimiento del insumo o maquinaria en el lugar.

Evaluación de alternativas

En el proceso de elaboración de la propuesta para la Licitación, se analizaron los proveedores más cercanos al lugar de los trabajos, cotizando aquellos materiales a utilizar para la ejecución de la obra, con el fin de minimizar los costos sin afectar la calidad de los trabajos. Después del proceso de adjudicación, se procedió a la revisión de las propuestas originales y se solicitaron nuevas cotizaciones buscando así una mejora en el precio de los productos. En paralelo, se buscaron otras alternativas en algunos suministros, como por ejemplo, el de la tubería de PEAD.

Control

Control de calidad

Tanto interna como externamente se exigió al superintendente que los trabajos se realizaran con calidad, pero no hubo un control estricto de esto. Por otro lado, durante sus visitas al sitio, el supervisor de obra de la *Dependencia A* se encargó de vigilar que los trabajos fueran realizados adecuadamente y con la calidad esperada, siguiendo las especificaciones y el proceso constructivo especificados para el proyecto.

Además, se llevaron a cabo pruebas de laboratorio de los materiales, cumpliendo así con los requisitos establecidos por la *Dependencia A*. Esto permitió asegurar la calidad de los materiales tales como el concreto, a través de pruebas de resistencia, y los materiales de relleno (obtenidos tanto de un banco cercano como de las excavaciones en sitio), mediante pruebas de compactación. Sin tales pruebas no se hubieran podido cobrar los conceptos del catálogo que las requerían.

Control del programa y control del presupuesto

Una vez generado y actualizado el programa de obra, ya sea el director de obra o el superintendente lo revisaron de manera periódica, con el objetivo de evitar retrasos en la ejecución del proyecto. De hecho, la teoría de la AP recomienda darle seguimiento al programa, situación que puede ser mejorada en la empresa bajo estudio, puesto que no se emplean herramientas sistemáticas para su manejo y actualización; de hecho, se realizan las revisiones mencionadas, pero no se documentan las modificaciones que ayuden a identificar problemas o retrasos potenciales metódicamente.

Así, se observa que el trabajo de control y ejecución de tareas se ejecutan con base en la experiencia, que tanto el director como el superintendente tienen en la construcción de obras similares, existiendo como único apoyo el programa de obra realizado en la etapa de planeación del proyecto.

En lo que respecta al seguimiento del presupuesto, durante el desarrollo del trabajo se tuvo una cuantificación constante de las actividades realizadas, siempre verificando que no se excedieran los volúmenes de obra contratados. Sin embargo, se presentaron conceptos que rebasaron los límites proyectados, tales como: la excavación, la obra de desvió (costales y tubería de PEAD[20]), el relleno, y la plantilla de piedra. Similarmente, se generaron conceptos fuera de catálogo a lo largo de la ejecución del proyecto, que fueron autorizados en su momento por la *Dependencia A*. La combinación de estos excedentes, provocó un incremento considerable en el presupuesto de la obra, teniendo como consecuencia la reducción de metros lineales de bóveda construida, que como ya se adelantó, disminuyó de 491 a 369 m lineales.

Aunado a las circunstancias técnicas, entre la fecha del concurso de licitación pública (Febrero de 2008) y la de inicio de los trabajos (Abril del mismo año), se presentó un incremento considerable en los costos de los materiales, especialmente del acero, que de acuerdo a los registros del Banco de México (BANXICO, 2009), en sus Índices Nacionales del Precio

[20] La Tubería de Polietileno de Alta Densidad (PEAD) es un material que debido a sus facilidades de instalación (flexibilidad) y alta resistencia, actualmente es una buena alternativa que sustituye el uso del tubo de concreto. Es utilizado en obras sanitarias, hidráulicas, eléctricas y químicas, entre otras.

al Productor (INPP), presentaron un aumento del 31.59%. Por esta razón, se solicitó a la *Dependencia A* un ajuste de costos del proyecto, con apego a los lineamientos estipulados en el Reglamento del Libro XII del Código Administrativo del Estado de México (RLXIICAEdoMex), (Gobierno del Estado de México, 2003).

Desafortunadamente, a pesar de que la empresa solicitó en tiempo y forma dicho ajuste de costos, debido a un incremento del 4.19 % del presupuesto de obra, es decir $101,080.21, la petición no fructificó. Esto, porque la ley establece que sólo se pueden aceptar ajustes de costos iguales o mayores a un aumento del 5% del presupuesto total de la obra. En consecuencia, la empresa en estudio tuvo que asumir la pérdida correspondiente.

Otro punto que llama la atención en el seguimiento del presupuesto, es el pago de las estimaciones, que desde un principio tuvieron un retraso en la revisión y autorización de generadores de los trabajos realizados para hacer la entrega de estos a la *Dependencia A*. Los volúmenes involucrados tuvieron que ser verificados, cuantificados y modificados en distintas ocasiones, provocando atrasos en su pago, por lo que la empresa tuvo que financiar la obra durante la mayor parte de su ejecución.

Monitoreo de riesgos

Durante la construcción de la obra existieron diversos riesgos. Algunos no pudieron ser controlados debido a que no fueron previstos, o no se desarrolló un plan de seguridad contra ellos. Lo anterior, como resultado de la poca experiencia que la empresa tenía en este tipo de proyectos. Una vez iniciados los trabajos, se pudo observar que la mayor parte de los riesgos fueron ocasionados por contingencias ambientales (ej.: lluvia y viento), que al presentarse motivaban la toma de medidas para dar solución a los daños que habían causado.

Dado a que el periodo de ejecución de la obra coincidió con la época de lluvias, se presentaron inundaciones frecuentes en el sitio; además, algunos de los costales de la obra de desvío fueron arrastrados por las corrientes; de igual forma, se suspendieron las labores, y se reconstruyó las partes que se vieron afectadas. Estos riesgos no fueron previstos en la etapa de planeación del proyecto, lo que originó conceptos fuera de catálogo tales como: limpieza del lugar, retiro de basura, y reconstrucción de la obra de desvío.

Como resultado de estos eventos meteorológicos, se solicitó un convenio modificatorio por ampliación de plazo por 60 días naturales adicionales al lapso de ejecución del proyecto, mismo que fue otorgado por la *Dependencia A*. Cabe mencionar que, pese a que los días de lluvia solo fueron 30, la prorroga se otorgó por 60 ya que se requería finalizar otros trabajos no previstos, tales como la colocación adicional de tubería PEAD (obra de desvío), la demolición de losa de concreto reforzado, y construcción de la obra de drenaje en la zona.

En el caso concreto de la tubería PEAD, una vez que se dio el anticipo de la obra, se procedió a su suministro de acuerdo con las especificaciones del proyecto. Así, los insumos se utilizaron para desviar el agua dentro del canal, lo cual facilitó la realización de los trabajos requeridos para la elaboración del proyecto. Sin embargo, durante la ejecución, se colocó la primera obra de desvío, que permitió la instalación de los primeros 40 m de tubería. Al concluir esta parte, era necesario remover dicha obra, y volverla a construir aguas abajo, para poder colocar el segundo tramo de 40 m de tubería.

Como este proceso se tenía que repetir tantas veces como fuera necesario para completar los 369 m que mide la obra, se optó por solicitar a la *Dependencia A* que autorizara la colocación de una cantidad adicional de tubo (otros 40 m, para construir tramos de 80 m). La petición fue autorizada, y de esta forma se pudo avanzar más rápidamente, de acuerdo a lo indicado en el programa de ejecución. Cabe aclarar, que la solicitud fue aprobada inmediatamente, por lo que se pudo aprovechar la primera obra de desvío para poder construir el tramo adicional de 40 m. por lo que los tramos de 80 m. se utilizaron desde el inicio.

En la Figura 4.6 se puede observar el proceso constructivo descrito. En la fotografía de la izquierda se aprecia la primera obra de desvío, que permitió la construcción de los primeros 80 m. Como se puede apreciar, fue necesario colocar costales para contener el flujo de agua, tanto en la parte inicial como en la final del tramo por construir. Adicionalmente, fue necesario colocar el tubo lateral que se observa, para permitir que el líquido se desplazara en su interior, y el área de trabajo se mantuviera seca durante la construcción.

Figura 4.6 Obra de desvío con tubería pead
(Fuente: Empresa bajo estudio - 2008)

En la fotografía central de la Figura 4.6, se puede apreciar el inicio de los trabajos correspondientes al segundo tramo de 80 m, con la característica de que dicho tramo aún estaba inundado, pues la obra de desvío se encontraba en proceso de colocación. Esta secuencia de pasos se repitió seis veces para poder finalizar el proyecto. Por último, en la fotografía de la derecha, se presenta la conexión que permitió unir la obra nueva con la existente.

Dado que no se contempló desde el inicio de los trabajos la compra de excedentes de tubería, y sólo se adquirió el volumen proyectado, se generaron no sólo incrementos en el presupuesto, sino también se provocó un retraso en la etapa de inicio. Esto fue el resultado de la adquisición de los 40 m. adicionales de tubería, lo que representó un aumento del 1.07 % al presupuesto, y una demora de 20 días originada tanto por el tiempo que tardó la autorización de la compra del nuevo volumen, como su instalación en el sitio. Al tratarse de una actividad de la que dependían otras, no se tuvieron avances importantes durante las casi tres semanas que duró este proceso.

En la Figura 4.7, se presentan algunas imágenes de las medidas tomadas para disminuir el riesgo de inundación en la obra. En esencia, se colocó la tubería PEAD, que aunque incrementó el costo y tiempo de ejecución del proyecto, cumplió con los dos objetivos establecidos: (i) desviar el agua para evitar inundaciones en el área de trabajo, y (ii) reducir el tiempo de construcción.

En lo que se refiere a la Figura 4.8, como se puede apreciar, se muestran algunas fotografías de las inundaciones que se tuvieron en la obra, pese a las medidas que se tomaron para prevenir dichos eventos.

Figura 4.7 Imágenes de la obra de desvió ampliada
(Fuente: Empresa bajo estudio - 2008)

Figura 4.8 Inundaciones presentadas
(Fuente: Empresa bajo Estudio - 2008)

Con la finalidad de dar solución a esta problemática, de nuevo se tuvo que recurrir a la ampliación del alcance del proyecto, mediante la adición de conceptos. Así, actividades como: bombeo, limpieza y retiro de basura, lavado del área con compresora, enderezamiento de varillas, recuperación de los costales arrastrados por la corriente, y reacomodo de la tubería de desvío, fueron agregadas al catálogo original, con el relativo aumento en costo de 9.23% con respecto al presupuesto original ($2´097,752.58), lo que se tradujo en $2´291,375.14.

A pesar de que la *Dependencia A* autorizó el pago de los conceptos adicionales, la empresa registró pérdidas económicas considerables, debido al incremento de costo en el acero, y a la no aceptación del ajuste de los costos correspondientes por este hecho. Desafortunadamente, en el análisis de precios unitarios inicial de este concepto, no se consideró una cantidad de desperdicio y traslapes realista, lo que derivó en un incremento en el uso de acero, que no pudo ser cobrado. Dicho aumento fue de 4.19 %, que disminuyó en esa proporción la utilidad de la compañía, que se redujo de 10.48 % a 6.29 %.

Como se puede ver, no existió una evaluación de riesgos y consecuentemente no hubo un plan de seguridad contra posibles adversidades en la etapa de planeación del proyecto. Por el contrario, la única herramienta empleada para mitigar los riesgos fue la solución de problemas a través de la creación de conceptos fuera de catálogo, y la absorción de los costos adicionales por parte de la empresa.

Control de recursos humanos

En esta materia, existió un control adecuado de recursos humanos en todo momento a lo largo de la vida del proyecto. En efecto, tanto los trabajadores administrativos como los de campo fueron cuantificados desde el inicio de los trabajos, organizándose los últimos en varias cuadrillas (ej.: herrería, carpintería, albañilería) para completar las actividades correspondientes. Así, la tarea principal del superintendente de obra consistió en coordinar a estos equipos, y verificar su rendimiento y la calidad de los trabajos ejecutados. Más aún, se encargaba de identificar la necesidad de contratar a más trabajadores (ej.: oficiales, ayudantes y/o operadores) con base a las labores que se tenían que realizar en las semanas subsecuentes. Cabe mencionar que estos procesos se ejecutaban bajo la supervisión y aprobación del director de obra.

En este tenor de ideas, el superintendente también se encargaba de entregar una lista de la nómina semanal en la oficina central de la empresa, en la cual se marcaba el nombre del trabajador, puesto, salario, días laborados y monto a pagar, así como las horas extras trabajadas. Estas listas podían ser revisadas tanto por el director de obra, como por un supervisor adicional que corroboraba los datos presentados en la lista. Una vez aprobada, se transferían al área de administración, en donde se preparaban los pagos respectivos.

Cuando estas retribuciones se otorgaban, se solicitaba a los trabajadores que firmaran un acuse, como muestra de conformidad del pago de nomina semanal. Además, se daban por enterados de que ya se había cubierto su pago del Instituto Mexicano del Seguro Social (IMSS), como lo establece la ley. Administrativamente, para llevar el control de los recursos humanos, se usó una carpeta en la que se incluían todas las nóminas semanales de la obra, aunque no se efectuó el análisis de gastos para comparar lo programado contra lo real en cuestión de trabajadores.

Juntas semanales de obra y elaboración de minutas

Como ya se había adelantado, no existieron juntas semanales formales en las que intervinieran los integrantes del equipo de trabajo. No obstante, se tuvieron pláticas diarias entre el director de obra y el superintendente, con el objetivo de que el primero conociera los avances y obstáculos registrados en el proyecto, y las actividades que serían realizadas en las fases posteriores. De igual forma, los dos se ponían de acuerdo para solicitar oportunamente los materiales, equipo y suministros requeridos en la obra. De la misma manera, en el área administrativa las reuniones formales fueron escasas. Sin embargo, siempre se tuvo comunicación con el director de obra, para coordinar y autorizar los pagos y compras necesarias con la finalidad de realizar los trabajos. No sólo eso, cada fin de mes se llevaba a cabo un informe general del estado de cuenta del proyecto, donde se registraban los saldos pendientes, pagos de impuestos, ingresos y egresos del mes, identificando los conceptos prioritarios a liquidar.

Cuando existía algún cambio o contratiempo en la obra se generaban minutas de campo, donde se especificaba el problema y la solución convenida con la *Dependencia A*. En el Anexo E se muestra la copia de una minuta realizada por dicho organismo, en la que se autoriza la colocación de la tubería de PEAD ya mencionada. Por lo que se puede decir que la elaboración de minutas dentro de este proyecto, fue constante, generándose cuando era necesario.

Bitácora

La bitácora de obra es un requisito en la realización de un proyecto. El RLXIICAEdoMex (Gobierno del Estado de México, 2003) la define como un *"instrumento legal para el registro y control de la ejecución de la obra pública o servicio, vigente durante el periodo del contrato; funciona como medio de comunicación y acuerdo entre contratante y contratista e inscripción de los asuntos relevantes"*. Para este caso, la realización de la bitácora de obra no tuvo inconvenientes, ya que fue elaborada durante el periodo que duró la ejecución de la misma.

Cierre

Reporte final, finiquito, carpetas "as-built" y acta entrega

Una vez terminado el proyecto, la empresa procedió a realizar el cierre de los trabajos ejecutados, en conciliación con el supervisor de obra. En esencia, la *Dependencia A* requirió la entrega de los siguientes documentos para darla por concluida:

- Aviso de término de obra,
- Estimación de finiquito,
- Concentrado de estimaciones,
- Reporte fotográfico,
- Planos finales ("as-built"), y
- Fianza de vicios ocultos.

El procedimiento de conciliación de generadores para cuantificar estos trabajos demandó una gran inversión de tiempo, debido a que un mes antes de que terminaran las actividades, se cambió de superintendente, situación que retrasó el procedimiento de conciliación con la dependencia, dificultando el cierre de la obra.

Finalizada la etapa de conciliación, y realizadas todas las estimaciones[21] de los trabajos ejecutados, volúmenes adicionales y conceptos fuera de catálogo (diez estimaciones en total), se obtuvo el reporte final (concentrado de estimaciones).

Para dar por concluidos totalmente los derechos y obligaciones asumidos por las partes en el contrato de obras (o servicios), la empresa elaboró el

[21] Estimación: cuantificación y valuación de los trabajos ejecutados en un periodo determinado, aplicando los precios unitarios a las cantidades de los conceptos de trabajo realizados. Es el documento en el que se consignan los importes para su pago, considerando, en su caso, la amortización de los anticipos y los ajustes de costos. (Gobierno del Estado de México, 2003).

finiquito correspondiente, en donde se informó a la contratante de la terminación de los mismos. Este se realizó con la última estimación, misma que fue incluida también en el concentrado.

Por otra parte, se efectuó la entrega de una fianza de vicios ocultos, la cual garantizaba la buena calidad de los trabajos de la empresa durante un año a partir de la fecha de firma del acta entrega-recepción. En el Anexo E se puede apreciar la versión final del acta, en la cual se detalla el lugar, fecha y hora, descripción de los trabajos que se recibieron, importe contractual, importe ejecutado, plazo de ejecución, relación de las estimaciones pagadas y por pagar, nombre y firma de los representantes de cada área de la dependencia y del representante de la empresa ejecutora de la obra.

En paralelo, seguida de la firma de dicha acta se procedió a la recepción física de los trabajos, en la que tanto el personal del departamento de contraloría, como del departamento de construcción (supervisión) de la *Dependencia A,* participaron en su calidad de representantes de esa instancia. Así mismo, se entregó una carpeta "as-built", la cual incluyó un álbum fotográfico, el concentrado de estimaciones y los planos finales de la obra. Con esto, se da por terminada la descripción del primer caso, continuando ahora con el análisis de resultados.

4.4 Análisis de resultados de la empresa

4.4.1 Evaluación cualitativa de la aplicación de herramientas administrativas

Una vez concluida la descripción del caso presentado, así como de las herramientas empleadas para gestionar cada uno de los proyectos, en este apartado se realizará el análisis de los resultados generados. Además, se dará una visión de las áreas críticas y recomendaciones generales en cada una de las etapas del proyecto para la empresa de interés, recapitulando los aspectos relevantes de este caso.

De acuerdo con la teoría de la AP, los tres objetivos principales a perseguir en un proyecto están relacionados con el **costo, tiempo** y **calidad**, adicionándose un cuarto, que es la **satisfacción del usuario** (Chamoun, 2002); de esta forma, se determinará si en esta obra se cumplieron eficazmente.

Para discutir tanto el costo, como el plazo de ejecución, se empleará la curva de costos programados y costos reales respectivamente, y el análisis de variación del proyecto, iniciándose con el análisis de la primera. En la Figura 4.9 se muestran ambos valores, obtenidos a partir del programa de erogaciones definido al inicio durante la etapa de planeación del proyecto.

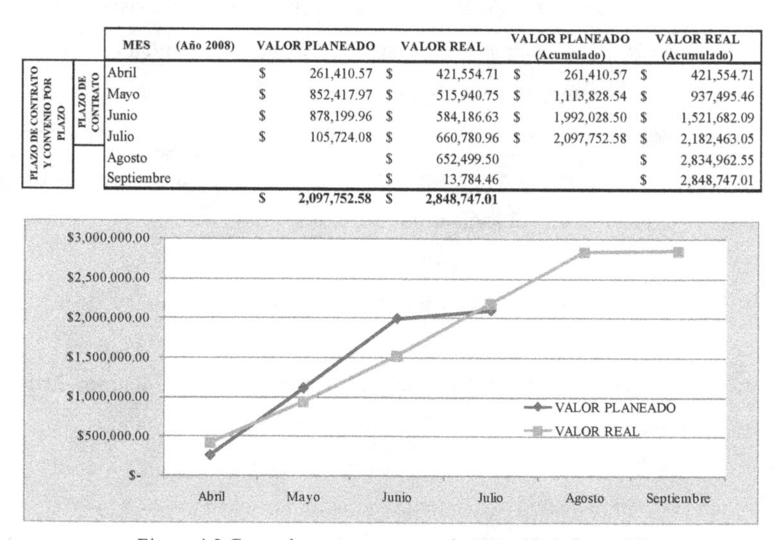

PLAZO DE CONTRATO Y CONVENIO POR PLAZO	PLAZO DE CONTRATO	MES (Año 2008)	VALOR PLANEADO	VALOR REAL	VALOR PLANEADO (Acumulado)	VALOR REAL (Acumulado)
		Abril	$ 261,410.57	$ 421,554.71	$ 261,410.57	$ 421,554.71
		Mayo	$ 852,417.97	$ 515,940.75	$ 1,113,828.54	$ 937,495.46
		Junio	$ 878,199.96	$ 584,186.63	$ 1,992,028.50	$ 1,521,682.09
		Julio	$ 105,724.08	$ 660,780.96	$ 2,097,752.58	$ 2,182,463.05
		Agosto		$ 652,499.50		$ 2,834,962.55
		Septiembre		$ 13,784.46		$ 2,848,747.01
			$ 2,097,752.58	**$ 2,848,747.01**		

Figura 4.9 Curva de costos programados (cantidad planeada) y costos reales (valor real), (Elaboración propia)

Como se mencionó anteriormente, dentro de la descripción del proyecto, se tenía un plazo inicial de ejecución de 90 días naturales, correspondiente al periodo del 8 de Abril al 6 de Julio de 2008.y que por causas externas a la compañía, pero relacionadas con la ejecución del proyecto, la *Dependencia A* autorizó un **convenio modificatorio de plazo** por 30 días naturales adicionales, por lo que el proyecto fue concluido en su totalidad el día 4 de Septiembre de ese año.

Por otra parte, referente al monto total de ejecución del proyecto, inicialmente se autorizó un presupuesto total de $ 2´097,752.58 mismo que, como se explicó, fue realizado por la empresa con base en los requerimientos de la *Dependencia A* durante el proceso de licitación pública. Sin embargo, por diversas razones surgieron conceptos fuera de catálogo y volúmenes adicionales que eran necesarios realizar para la ejecución satisfactoria del proyecto, llevando a acordar un **convenio adicional de monto** por la cantidad total de $ 752,247.42, sumando un presupuesto final total de $ 2´850,000.00.

Esta información se presenta gráficamente en la Figura 4.9, que muestra los montos programados dentro del primer plazo y los montos reales ejecutados hasta la última fecha autorizada. Dentro de dicha figura se aprecia que el proyecto sufrió un incremento tanto en costo como en tiempo, de 35.83% y 33.33 % respectivamente.

Cabe mencionar que, debido a que la empresa no contaba con un informe de los costos reales mensuales, se tuvo que realizar la cuantificación de los trabajos ejecutados por mes. Así, en comparación con lo inicialmente programado, este Caso presentó una variación negativa tanto en el plazo de ejecución final como en el importe ejecutado. Esto se debió a varios factores, entre ellos se encuentran la cuantificación inicial de volúmenes de algunas actividades, que como se puede apreciar en la Figura 4.10, exceden más de 5 veces la cantidad inicial programada

Reporte de Ejecución y Rendimiento Final

Actividad	Valor Planeado		Progreso Fisico (%)	Valor Real	
Actividad 1	$	4,040.40	95%	$	3,837.80
Actividad 2	$	8,482.00	68%	$	5,781.76
Actividad 3	$	5,522.00	68%	$	3,764.07
Actividad 4	$	3,934.92	0%	$	-
Actividad 5	$	3,537.65	1307%	$	46,244.16
Actividad 6	$	31,550.00	454%	$	143,174.53
Actividad 7	$	191,583.00	160%	$	307,316.16
Actividad 8	$	64,212.96	309%	$	198,578.58
Actividad 9	$	7,326.27	0%	$	-
Actividad 10	$	750,643.20	95%	$	710,348.26
Actividad 11	$	46,314.24	96%	$	44,649.13
Actividad 12	$	269,766.00	84%	$	225,877.64
Actividad 13	$	80,366.40	92%	$	74,082.19
Actividad 14	$	14,887.20	155%	$	23,128.51
Actividad 15	$	2,759.90	508%	$	14,009.00
Actividad 16	$	512,050.82	91%	$	466,617.95
Actividad 17	$	3,208.72	0%	$	-
Actividad 18	$	7,125.30	0%	$	-
Actividad 19	$	8,079.84	36%	$	2,945.78
Actividad 20	$	21,215.00	108%	$	22,844.31
Actividad 21	$	13,034.00	512%	$	66,668.91
Actividad 22	$	20,564.00	159%	$	32,593.94
Actividad 23	$	4,505.76	0%	$	-
Actividad 24	$	23,043.00	846%	$	194,873.11
FC 1	$	-	100%	$	132,160.00
FC 2	$	-	100%	$	16,657.86
FC 8	$	-	100%	$	16,461.57
FC 9	$	-	100%	$	3,229.66
FC 10	$	-	100%	$	2,331.48
FC 11	$	-	100%	$	44,742.26
FC 14	$	-	100%	$	9,961.01
FC 15	$	-	100%	$	1,920.10
FC 16	$	-	100%	$	276.83
FC 17	$	-	100%	$	21,307.40
FC 19	$	-	100%	$	3,125.95
FC 20	$	-	100%	$	9,237.10
TOTAL	**$**	**2,097,752.58**		**$**	**2,848,747.01**

Figura 4.10 Curva de costos programados y costos reales por actividad (Elaboración propia)

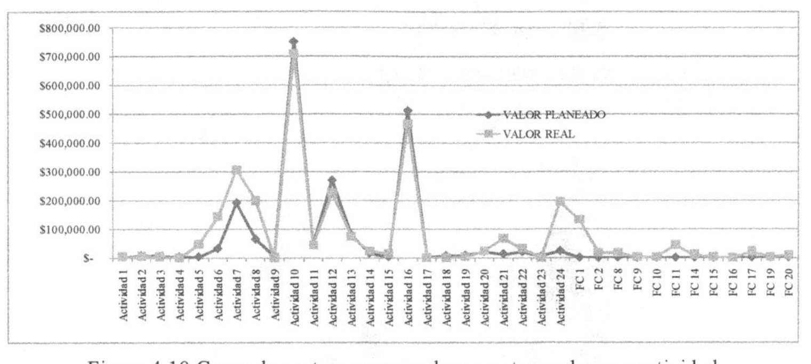

Figura 4.10 Curva de costos programados y costos reales por actividad (Elaboración propia — Continuación)

Por ejemplo, en la Figura 4.11 se muestra como las actividades 5, 15, 21 y 24, correspondientes a los trabajos de demolición de mampostería, cimbra en fronteras de losa, obra de desvío a base de costales rellenos de arena, y acarreo de materia producto de excavación, respectivamente, tuvieron sobrecostos considerables.

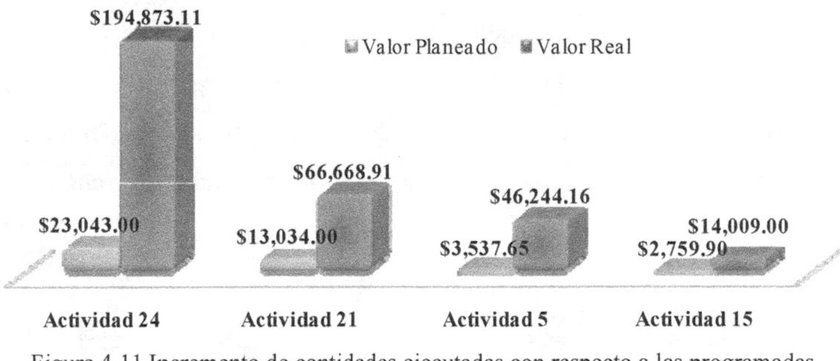

Figura 4.11 Incremento de cantidades ejecutadas con respecto a las programadas (Elaboración propia)

Además se presentaron conceptos fuera de catálogo, los cuales no fueron previstos durante la planeación del proyecto. Dentro de estos conceptos, los más sobresalientes son los correspondientes al FC1, FC11 Y FC17, mostrados en la Figura 4.12, que responden a la realización de trabajos de tubería de PEAD para la obra de desvió, limpieza del canal obstruido por la lluvia (retiro de basura y lodo, reacomodo de varilla y costales), y relleno a volteo con material de excavación, respectivamente.

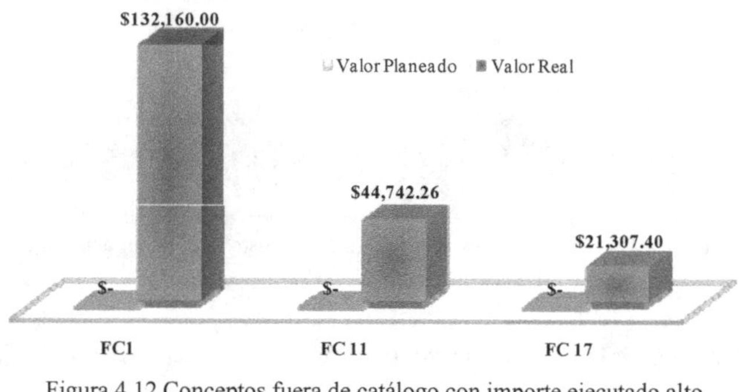

Figura 4.12 Conceptos fuera de catálogo con importe ejecutado alto
(Elaboración propia)

Así mismo, regresando a la Figura 4.10, se aprecia gráficamente cómo las actividades antes descritas normalmente distan de las cantidades planificadas; de igual forma se puede observar que, aunque no tan significativamente como las actividades antes descritas, existieron algunas que fueron sobreestimadas, como la 10, 12 y 16, correspondientes a los trabajos de concreto premezclado bombeable de 250 kg/cm^2, cimbra de madera y acero de refuerzo en muros, y losas de estructura, ilustrando estos sobrecostos en la Figura 4.13.

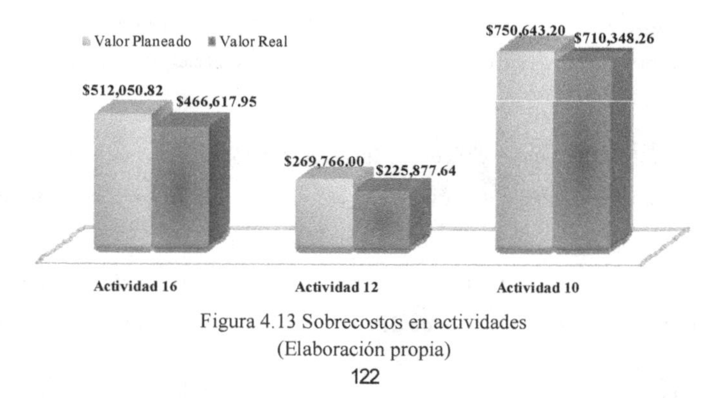

Figura 4.13 Sobrecostos en actividades
(Elaboración propia)

Es así como en los trabajos adicionales descritos, unos con saldo a favor y otros en contra, derivaron en la variación real del presupuesto con $ 750,994.43, lo que motivó la realización del convenio por ampliación de plazo y del monto, dando de esta forma solución al incremento del presupuesto y periodo de ejecución.

No obstante; en lo que se refiere al aumento de presupuesto, existió un problema adicional que como se explicó, no fue justificado para la *Dependencia A*, y fue asimilado por la empresa. En consecuencia, se obtuvo un factor de incremento (I)[22] del 1.0419, mismo que representó un excedente de $ 97,861.52 con relación al monto inicial de los insumos autorizados por la dependencia.

Materiales

Por otra parte, examinando los gastos reales de materiales registrados en el área administrativa de la empresa, se encontró que a pesar de que en ese departamento se realiza un análisis de los gastos por obra, en realidad no se hace una separación adecuada donde se lleve el control de los materiales y de mano de obra empleados en cada proyecto, dado que se juntan las facturas de todas las obras.

Por esta razón no se tienen registrados los gastos reales por proyecto, por lo que para el presente trabajo se tuvo la necesidad de consultar la base de datos de la empresa, lo que permitió realizar un seguimiento solamente de

---

[22] I = (Pm x Am) + (Po x Ao) + (Pq x Aq) + (Pem x Aem)
Donde:
I = Factor de Incremento en el periodo en estudio por ajuste de costos, expresado en fracción decimal
Pm, Po, Pq, Pem = Porcentaje de participación de los materiales, mano de obra, equipo y herramienta menor respectivamente, con respecto al costo directo, expresado en fracción decimal
Am, Ao, Aq, Aem =Cociente de índices promedio de los materiales, mano de obra, equipo y herramienta menor respectivamente, en el periodo en estudio por ajuste de costos (Gobierno del Estado de México, 2003).

las compras y cantidades ejercidas para los materiales de acero y concreto premezclado. Los resultados se resumen en las Figuras 4.14 y 4.15.

En cada una de estas figuras se muestra una tabla que presenta tanto los valores planeados y reales obtenidos respectivamente durante el tiempo programado y el tiempo real de ejecución del proyecto. Además, se muestra la curva de costos de los valores planeados y reales. Se eligió presentar los costos de materiales que representaran los dos casos antes expuestos, es decir, uno que presente un costo real mayor al planeado (ver la Figura 4.14-acero), y otro que presente lo contrario (ver Figura 4.15-concreto).

		MES (Año 2008)	VALOR PLANEADO	VALOR REAL	VALOR PLANEADO (Acumulado)	VALOR REAL (Acumulado)
PLAZO DE CONTRATO Y CONVENIO POR PLAZO	PLAZO DE CONTRATO	Abril	$ 47,280.61	$ 151,304.35	$ 47,280.61	$ 151,304.35
		Mayo	$ 111,713.99	$ -	$ 158,994.60	$ 151,304.35
		Junio	$ 108,637.05	$ 95,216.70	$ 267,631.65	$ 246,521.05
		Julio	$ 11,081.71	$ -	$ 278,713.36	$ 246,521.05
		Agosto		$ 77,730.43		$ 324,251.48
		Septiembre		$ -		$ 324,251.48
			$ 278,713.36	**$ 324,251.48**		

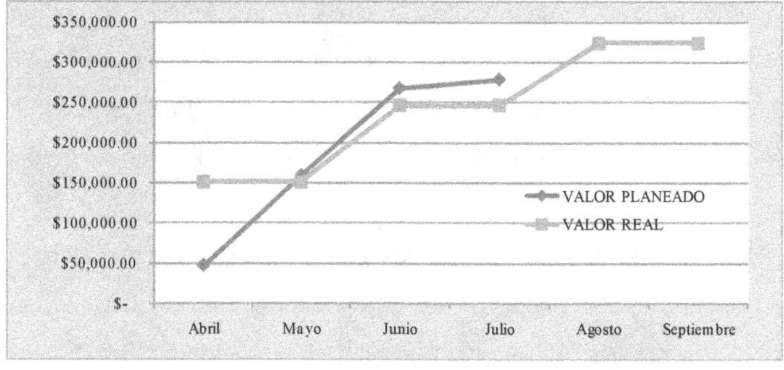

Figura 4.14 Curva de costos programados y costos reales de acero (Elaboración propia)

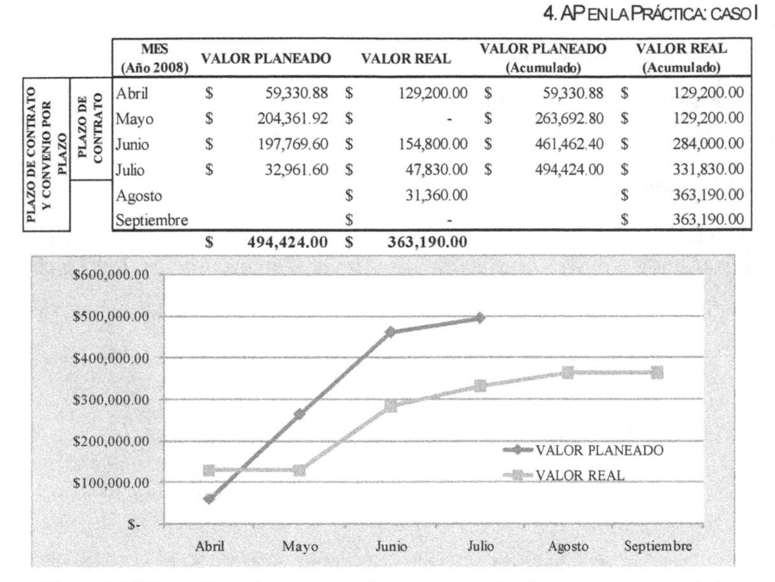

		MES (Año 2008)	VALOR PLANEADO	VALOR REAL	VALOR PLANEADO (Acumulado)	VALOR REAL (Acumulado)
PLAZO DE CONTRATO Y CONVENIO POR PLAZO	PLAZO DE CONTRATO	Abril	$ 59,330.88	$ 129,200.00	$ 59,330.88	$ 129,200.00
		Mayo	$ 204,361.92	$ -	$ 263,692.80	$ 129,200.00
		Junio	$ 197,769.60	$ 154,800.00	$ 461,462.40	$ 284,000.00
		Julio	$ 32,961.60	$ 47,830.00	$ 494,424.00	$ 331,830.00
		Agosto		$ 31,360.00		$ 363,190.00
		Septiembre		$ -		$ 363,190.00
			$ 494,424.00	**$ 363,190.00**		

Figura 4.15 Curva de costos programados y costos reales de concreto premezclado (Elaboración propia)

Referente al acero, el costo real es mayor al planeado, en virtud de que existió un incremento en el precio de este insumo. De esta forma, utilizando los resultados obtenidos de la Figura 4.14 y con base en el valor y plazo programado inicialmente, se puede obtener la variación final del proyecto (VFP) como:

VFP = Valor Planeado – Valor Real

VFP = $ 278, 713.36 - $ 324,251.48

VFP = (-) $ 45,538.12

Esto se traduce en una variación del -16.3 % (-$45,538.12/$278,713.36) con respecto al valor planeado. Cabe aclarar que, este monto aplica únicamente al aumento de precio que sufrió el acero durante la ejecución de la obra. Además, el desperdicio generado de 4.84 toneladas del material, debido a que no se habían considerado ni las silletas ni las grapas en el presupuesto inicial, provocando un nuevo incremento de $52,487.53, lo que aunado a los $45,538.12 representó un total de: $ 98,025.65, equivalente al 35.17% sobre el valor planeado.

En lo que se refiere al concreto premezclado bombeable de 250 kg/cm^2, correspondiente a la actividad 10, se tuvo la situación opuesta. Así, el valor planeado resultó ser mayor al valor real. De esta forma, el VFP fue de:

VFP = $ 494, 424.00 - $ 363,190.00
VFP = (+) $ 131,234.00

La variación positiva de 26.5 % se debió a tres factores: (i) no se incrementó el precio del material, (ii) el desperdicio no excedió lo planeado inicialmente, y (iii) el alcance de la obra disminuyó, pues en lugar de construir 491 m de canal, solo se erigieron 369 m.

Mano de obra

En lo referente a los gastos de mano de obra, se encontró que la empresa contaba con un archivo de nominas. La administración del personal se realizó de acuerdo a lo que establece la ley, realizando las altas y bajas del personal en el seguro social cuando era necesario. En la Figura 4.16 se observa el comportamiento de los costos en este rubro, mismos que se interpretan de forma similar en el acero y concreto. Notar que ahora, el VFP presenta una variación positiva de $ 71,711.73 (17.52%), dado que se construyó menos de lo planeado.

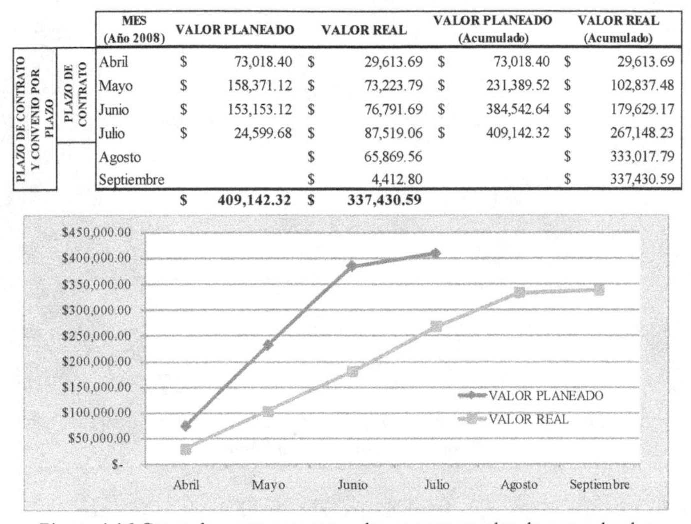

Plazo	MES (Año 2008)	VALOR PLANEADO	VALOR REAL	VALOR PLANEADO (Acumulado)	VALOR REAL (Acumulado)
PLAZO DE CONTRATO Y CONVENIO POR PLAZO / PLAZO DE CONTRATO	Abril	$ 73,018.40	$ 29,613.69	$ 73,018.40	$ 29,613.69
	Mayo	$ 158,371.12	$ 73,223.79	$ 231,389.52	$ 102,837.48
	Junio	$ 153,153.12	$ 76,791.69	$ 384,542.64	$ 179,629.17
	Julio	$ 24,599.68	$ 87,519.06	$ 409,142.32	$ 267,148.23
PLAZO DE CONTRATO Y CONVENIO POR PLAZO	Agosto		$ 65,869.56		$ 333,017.79
	Septiembre		$ 4,412.80		$ 337,430.59
		$ 409,142.32	**$ 337,430.59**		

Figura 4.16 Curva de costos programados y costos reales de mano de obra (Elaboración propia)

Por otra parte, la Figura 4.17 muestra la suma de los pagos correspondientes a todos los trabajos. Como se explicó anteriormente, el incremento de tiempo y reducción de alcances hacen la diferencia tan notoria en el valor planeado y el real. Cabe mencionar, que hubo un periodo de 9 meses que la empresa tuvo que financiar el 49.95% de la obra, pues a la fecha de su conclusión solo se había pagado el 51.05 % (es decir, $1,454,282.84) del monto total acordado.

Plazo	Año	MES	VALOR PLANEADO	VALOR REAL	VALOR PLANEADO (Acumulado)	VALOR REAL (Acumulado)	PAGO REAL DE ESTIMACIONES (Acumulado)
PLAZO DE CONTRATO Y CONVENIO POR PLAZO / PLAZO DE CONTRATO	2008	Abril	$ 261,410.57	$ 421,554.71	$ 261,410.57	$ 421,554.71	$ 629,325.77
		Mayo	$ 852,417.97	$ 515,940.75	$ 1,113,828.54	$ 937,495.46	$ 629,325.77
		Junio	$ 878,199.96	$ 584,186.63	$ 1,992,028.50	$ 1,521,682.09	$ 629,325.77
		Julio	$ 105,724.08	$ 660,780.96	**$ 2,097,752.58**	$ 2,182,463.05	$ 1,113,181.88
PLAZO DE CONTRATO Y CONVENIO POR PLAZO		Agosto		$ 652,499.50		$ 2,834,962.55	$ 1,372,251.54
		Septiembre		$ 13,784.46		**$ 2,848,747.01**	$ 1,454,282.84
		Octubre					$ 1,454,282.84
		Noviembre					$ 1,821,844.63
		Diciembre					$ 1,821,844.63
	2009	Enero					$ 2,058,360.95
		Febrero					$ 2,302,890.07
		Marzo					$ 2,837,497.91
		Abril					**$ 2,848,747.01**
			$ 2,097,752.58	**$ 2,848,747.01**			

Figura 4.17 Curva de costos programados, costos reales y pagos en general del proyecto (Elaboración propia)

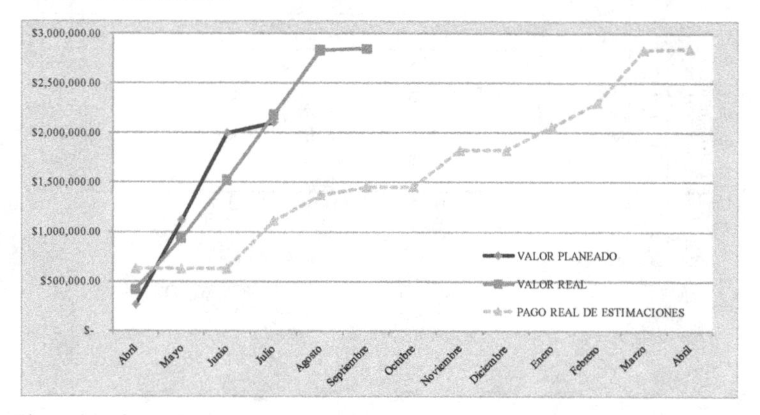

Figura 4.17 Curva de costos programados, costos reales y pagos en general del proyecto (Elaboración propia — Continuación)

4.4.2 Evaluación cuantitativa de la aplicación de herramientas administrativas

Una vez analizados el plazo de ejecución y los costos del Caso, para examinar el desempeño en las distintas etapas del proyecto (inicio, planeación, ejecución, control y cierre), se realizó una evaluación. Para ello, se aplicó el instrumento desarrollado por Grant et al. (2006), que incluye una lista de enunciados relacionados con las actividades ejecutadas en las etapas del proyecto, mismas que fueron obtenidas a partir de las Tablas 4.1 y 4.2 del presente capítulo. Más aún, con el objetivo de complementar este análisis, se agregaron algunos enunciados propuestos por el propio Grant et al. (2006).

De esta forma, se obtuvieron las Tablas 4.3, 4.4, 4.5, 4.6 y 4.7 en las que se incorporaron dos columnas, una correspondiente al nivel de uso o práctica de los enunciados durante el proyecto, y la otra correspondiente a la importancia que debería tener cada uno de ellos. Para ambos casos se empleó una escala de Likert, con los siguientes valores: 0- No sabe, 1- Muy bajo, 2- Bajo, 3- Medio, 4- Alto y 5- Muy alto. Cada enunciado se identificó con un numeró, por lo que los 36 cuentan con dicho código de tipificación.

El mecanismo antes descrito fue aplicado al personal administrativo de la empresa, tomando como referencia los sucesos del caso en estudio. Es importante recordar, que el personal administrativo y técnico que operó dentro de la organización durante el plazo de ejecución del proyecto fue de siete personas (1- Director de Obra, 2- Superintendentes de Obra, 1- Encargado de Compras, 1- Administrador de Empresa, 1- Contador y 1- Secretaria), de las cuales sólo los primeros cuatro continuaban laborando en la compañía al momento de aplicar la encuesta. En virtud de que se podía acceder fácilmente a dichos trabajadores, no se requirió el empleo de cálculos estadísticos para determinar el tamaño de la muestra.

Tabla 4.3 Enunciados aplicados en el análisis de la etapa de inicio (Elaboración propia) [Fuente: Grant et al. (2006), Chamoun (2002), y Alpha consultoria (2010)]

	Enunciado	Pactica Actual						Importancia					
2	Los objetivos y alcances del proyecto se conocen por el personal de la empresa	0	1	2	3	4	5	0	1	2	3	4	5
16	Con base en el presupuesto inical, se realiza un plan de gastos (programa de erogaciones) mensual, quincenal o semanal	0	1	2	3	4	5	0	1	2	3	4	5
28	Se realiza un presupuesto con base en los requerimientos del cliente	0	1	2	3	4	5	0	1	2	3	4	5

Tabla 4.4 Enunciados aplicados en el análisis de la etapa de planeación (Elaboración propia) [Fuente: Grant et al. (2006), Chamoun (2002), y Alpha consultoria (2010)]

	Enunciado	Pactica Actual						Importancia					
1	Es realizada una evaluación de los posibles riesgos para la ejecución de la obra	0	1	2	3	4	5	0	1	2	3	4	5
4	Se conocen las especificaciones y diseño de proyecto antes de iniciar le ejecución del mismo	0	1	2	3	4	5	0	1	2	3	4	5
6	Con base en el programa de actividades realizado, se traza una ruta critica donde se marquen las actividades de mayor importancia a realizar durante el periodo de ejecución del proyecto	0	1	2	3	4	5	0	1	2	3	4	5

Tabla 4.4 Enunciados aplicados en el análisis de la etapa de planeación (Elaboración propia) [Fuente: Grant et al. (2006), Chamoun (2002), y Alpha consultoria (2010) — Continuación]

	Enunciado	Pactica Actual						Importancia					
8	Se realiza un plan de seguridad contra los posibles riesgos que conlleve el desarrollo de los trabajos	0	1	2	3	4	5	0	1	2	3	4	5
9	Se realiza una asignación de recursos humanos con los conocimientos necesarios para llevar a cabo sus tareas	0	1	2	3	4	5	0	1	2	3	4	5
11	Es realizado un plan de comunicación e integración del equipo de trabajo eficiente	0	1	2	3	4	5	0	1	2	3	4	5
13	Los proyectos inician normalmente sin problemas y en la fecha programada	0	1	2	3	4	5	0	1	2	3	4	5
19	Se realiza un programa de actividades previo al inicio de los trabajos	0	1	2	3	4	5	0	1	2	3	4	5
23	Los tiempos para terminar las actividades se determinan con excatitud	0	1	2	3	4	5	0	1	2	3	4	5
30	Previo al inicio de los trabajos, es realizado un plan de adquisiciones, así como la firma de contratos de los provedores de materiales, equipo, etc., que será requerido durante el proyecto	0	1	2	3	4	5	0	1	2	3	4	5
37	Existe una capacitación constante del personal con base a las necesidades de la empresa o debilidades del trabajador	0	1	2	3	4	5	0	1	2	3	4	5

Tabla 4.5 Enunciados aplicados en el análisis de la etapa de ejecución (Elaboración propia) [Fuente: Grant et al. (2006), Chamoun (2002), y Alpha consultoria (2010)]

	Enunciado	Pactica Actual						Importancia					
3	Las modificaciones y autorizaciones correspondientes a cambios de proyecto (ej.: conceptos fuera de catálogo y volúmenes adicionales) se autorizan por el cliente rápidamente	0	1	2	3	4	5	0	1	2	3	4	5
7	Existe un registro de los trabajos y acontecimientos sucedidos en la obra mediante minutas de campo y notas de bitacora actualizadas	0	1	2	3	4	5	0	1	2	3	4	5
14	Se sigue periodicamente el presupuesto ejecutado	0	1	2	3	4	5	0	1	2	3	4	5
17	Se llevan a cabo juntas con el equipo de proyecto periodicamente	0	1	2	3	4	5	0	1	2	3	4	5
18	El personal se organiza adecuadamente para la realización de los trabajos y existe un control de ellos, contando con el número indispensable de trabajadores para la realización de cada tarea	0	1	2	3	4	5	0	1	2	3	4	5
20	Los recursos económicos para la ejecución de los trabajos se consiguen oportunamente durante las fases del proyecto hasta la conclusión de los mismos	0	1	2	3	4	5	0	1	2	3	4	5
22	Los materiales, maquinaría, equipo y herramientas están al alcance del personal de campo en el momento que se necesitan	0	1	2	3	4	5	0	1	2	3	4	5
24	Los procesos y procedimientos que se emplean para llevar a cabo las tareas facilitan su realización	0	1	2	3	4	5	0	1	2	3	4	5

Tabla 4.5 Enunciados aplicados en el análisis de la etapa de ejecución (Elaboración propia) [Fuente: Grant et al. (2006), Chamoun (2002), y Alpha consultoria (2010) — Continuación]

	Enunciado	Pactica Actual						Importancia					
26	Los trabajos realizados están sujetos a las especificaciones y calidad requeridas en la ejecución de cada una de las actividades	0	1	2	3	4	5	0	1	2	3	4	5
31	Existe un monitoreo de los posibles riesgos y se da solución rápida a los que se presentan durante la ejecución de los trabajos	0	1	2	3	4	5	0	1	2	3	4	5
33	Se lleva un seguimiento del programa de actividades inicialmente propuesto y en su caso un ajuste del mismo	0	1	2	3	4	5	0	1	2	3	4	5

Tabla 4.6 Enunciados aplicados en el análisis de la etapa de control (Elaboración propia) [Fuente: Grant et al. (2006), Chamoun (2002), y Alpha consultoria (2010)]

	Enunciado	Pactica Actual						Importancia					
10	El personal trabaja y entrega resultados de acuerdo al estándar requerido	0	1	2	3	4	5	0	1	2	3	4	5
15	Existen controles claros para verificar que el proyecto avanza adecuadamente, asi como son aplicados periodicamente	0	1	2	3	4	5	0	1	2	3	4	5
25	Las metas, prioridades y alcances permanecen constantes durante la vida del proyecto	0	1	2	3	4	5	0	1	2	3	4	5
27	La calidad de los trabajos realizados por el personal es alta	0	1	2	3	4	5	0	1	2	3	4	5
29	Los trabajos subcontratados tienen la calidad requerida y se entregan oportunamente	0	1	2	3	4	5	0	1	2	3	4	5
35	Las herramientas necesarias para terminar los trabajos están bien mantenidas y calibradas	0	1	2	3	4	5	0	1	2	3	4	5

Tabla 4.7 Enunciados aplicados en el análisis de la etapa de cierre (Elaboración propia) [Fuente: Grant et al. (2006), Chamoun (2002), y Alpha consultoria (2010)]

	Enunciado	Pactica Actual						Importancia					
5	Se realiza un reporte final de la obra donde se incluyen planos as built, concentrado de estimaciones o la documentación requerida por el cliente para el cierre de la obra	0	1	2	3	4	5	0	1	2	3	4	5
12	Se realiza un reporte final de lecciones aprendidas para la empresa, así como se cierra adecuadamente la carpeta de documentos relacionados con la obra	0	1	2	3	4	5	0	1	2	3	4	5
21	Existe un cierre administrativo de fianzas y contratos terminada la obra	0	1	2	3	4	5	0	1	2	3	4	5
32	Una vez terminada la obra, es realizado un cierre físico y administrativo (acta entrega recepción) con el cliente	0	1	2	3	4	5	0	1	2	3	4	5
34	Se concluye exitosamente la cuantificación de estimaciones y cobro de las mismas	0	1	2	3	4	5	0	1	2	3	4	5
36	Generalmente los proyectos se concluyen sin observaciones de los trabajos por parte del cliente	0	1	2	3	4	5	0	1	2	3	4	5

Notar que los números de cada grupo no son secuenciales. Esto se debe a que se querían evitar sesgos al momento de que los miembros del equipo contestaran las encuestas. Así, a ellos se les presentaron en el orden consecutivo del 1 al 36, y posteriormente se agruparon según la etapa a la que pertenecían, tal y como se muestran en las tablas previas.

Habiendo aplicado el instrumento, se concentraron los datos y se realizó una gráfica de barras para cada uno de los enunciados descritos mostrando en primera instancia, el promedio de los resultados de la práctica actual reportada por los cuatro participantes, seguida del promedio del nivel de importancia correspondiente.

Inicio

Como se puede ver en la Figura 4.18, correspondiente al análisis de la etapa de inició, los tres enunciados presentan diferencias entre la práctica actual y la importancia percibida. De manera particular, el enunciado (16) *"con base en el presupuesto inicial, se realiza un plan de gastos (programa de erogaciones) mensual, quincenal o semanal"*, presentó la mayor divergencia, seguido del enunciado (2) *"los objetivos y alcances del proyecto se conocen por el personal de la empresa"*. Cabe señalar que el rango de práctica actual de los enunciados de esta etapa varía de 3.00 a 4.75, correspondiente a un nivel medio y cercano al muy alto respectivamente. En lo que se refiere al nivel de importancia, su rango fluctuó de 4.50 a 5.00, lo que implica niveles muy altos para este rubro.

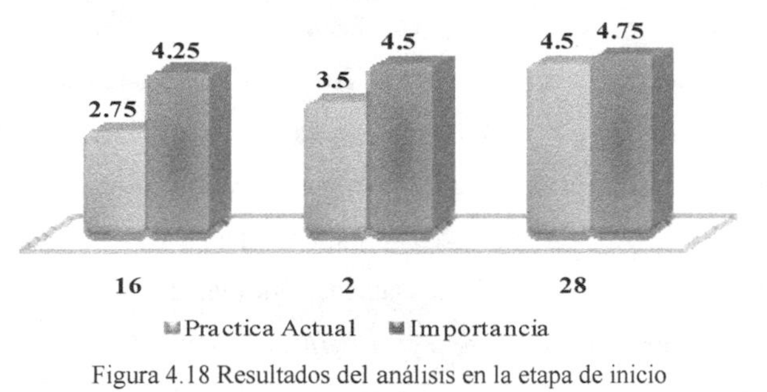

Figura 4.18 Resultados del análisis en la etapa de inicio
(Elaboración propia)

Más aún, como resultado de este analisis se encontró que durante la etapa de inicio, el plan de gastos o programa de erogaciones son conocidos unicamente por sus autores, es decir, el Director General y los Superintendetes de Obra. En consecuencia, dichos programas no se ocupan sistemáticamente como herramientas para la planeacion y seguimiento del proyecto. En cuanto a que, sí el personal de la empresa sabía los objetivos y alcances del proyecto antes de dar inicio con la obra, se identificó que solo el personal técnico (Superintendentes y Director) tenían conocimiento de ellos. Por ello, se recomienda que la empresa adopte el programa de erogaciones como herramienta para planear y controlar sus proyectos futuros, y que dé a conocer tanto sus alcances como objetivos a los miembros del equipo ejecutor al inicio de los trabajos.

Planeación

En lo que respecta a la etapa de planeación, se obtuvo un rango para la práctica actual que empezaba en 1.75 y terminaba en 3.75, y otro para la importancia entre 4.00 y 5.00. Es decir, se observaron variaciones de un nivel muy bajo a medio, y de alto a muy alto, respectivamente.

En la Figura 4.19, se puede observar dicha variación. A pesar de que todos los enunciados presentaron un cambio considerable, a continuación sólo se discutirán aquellos que exhibierón las más notables diferencias en orden descendente. La afirmación (37) *"existe una capacitación constante del personal con base en la empresa o debilidades del trabajador"* encabezó la lista, revelando la inexistencia de capacitación. Inmediatamente después se ubicó la oración (6) *"con base a el programa de actividades realizado, se traza una ruta crítica donde se marquen las actividades de mayor importancia a realizar durante el periódo de ejecución del proyecto"*, seguida de la (8) *"se realiza un plan de seguridad contra los posibles riesgos que conlleve el desarrollo del proyecto"*, la (11) *"es realizado un plan de comunicación e integración del equipo de trabajo eficiente"* y la (30) *"previo al inicio de los trabajos, es realizado un plan de adquisiciones así como la firma de contratos de los proveedores de materiales, equipo, etc., que será requerido durante el proyecto"*.

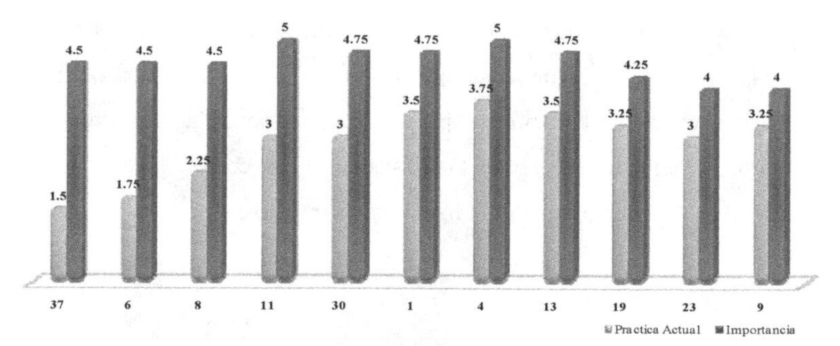

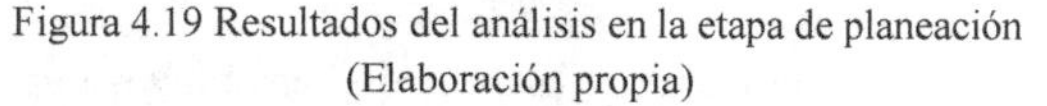

Figura 4.19 Resultados del análisis en la etapa de planeación
(Elaboración propia)

Retomando el enunciado de la existencia de una capacitación constante del personal de la empresa, los participantes comentaron que no han recibido capacitación en ningún área (ni técnica ni administrativa) durante todo el tiempo que han laborado en la misma. Además, se reconoce que para el caso en estudio, quizá una capacitación en programas especializados como AutoCAD y Excel pudieron agilizar el proceso de elaboración de estimaciones del proyecto, y de esta forma apresurar el pago de las mismas. Adicionalmente existió una respuesta unánime de que no se ha aplicado la ruta crítica, argumentando que para proyectos con pocas actividades a realizar, y a la amplia experiencia del personal técnico en la realización de proyectos similares, no se requería su uso.

Sin embargo, en proyectos desconocidos por el personal técnico y/o con un número relevante de actividades a realizar, podrían existir dificultades para determinar cuáles son las críticas, mismas que pueden llegar a determinar si el proyecto se concluirá o no en el tiempo determinado.

Por otra parte, en lo referente a la elaboración de un plan de seguridad contra posibles riesgos, se encontró, particularmente para este proyecto, que la empresa no contó con uno, en virtud de que, como se explicó en el capitulo anterior, no se tomaron medidas preventivas contra ellos, sólo soluciones. Así mismo se manifestó en los resultados que no se lleva a la práctica la realización de un plan de comunicación e integración del equipo de trabajo, sin embargo la compañía declaró que existe una constante comunicación del Director General con el personal técnico, de campo y administrativo, en donde cualquier imprevisto es comunicado y solucionado casi de forma inmediata.

En cuanto a la realización de un plan de adquisiciones y firma de contratos, se determinó que la empresa cuenta con proveedores de confianza que, a pesar de no formalizar las relaciones, suministran los materiales y/o equipo necesarios en tiempo y forma. Sin embargo, el director general de la compañía es el responsable de hacer los pedidos, por lo que el flujo de insumos depende de su presencia ya sea en el sitio de construcción, o en la oficina de la organización.

Con relación a los resultados obtenidos, se recomienda a la compañía en estudio que inicie un programa de capacitación de su personal técnico y administrativo con base en las necesidades y debilidades de la empresa, además de utilizar algún software que le permita la realización y actualización periódica de la ruta critica de los proyectos que le sean adjudicados.

Ejecución

Referente a los incrementos de costo y plazo de ejecución de los proyectos, aunque para este ejercicio no fue responsabilidad de la firma, se recomienda realizar un plan de posibles riesgos para evitarlos, en la medida de las posibilidades; en materia del plan de adquisiciones, es conveniente que el encargado lo realice y que su nombramiento sea del conocimiento de los miembros del equipo, para que en un caso de emergencia sepan con quien acudir.

Pasando ahora al análisis de resultados sobre la ejecución del proyecto, se puede observar en la Figura 4.20 que la alteración en los niveles de la práctica actual van desde 2.50 hasta 4.25, lo que representa niveles bajos y altos respectivamente. En contraste, en el nivel de importancia percibida se obtuvieron calificaciones que van de 4.50 a 5.00 inclusive, revelando un nivel muy alto en cada rubro.

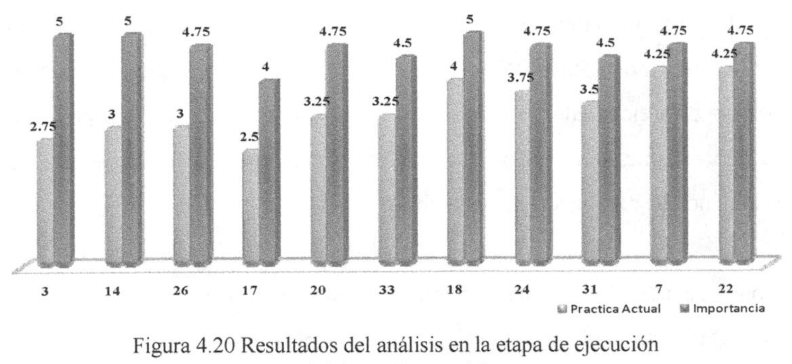

Figura 4.20 Resultados del análisis en la etapa de ejecución
(Elaboración propia)

Ordenadas en forma descendente, las diferencias más grandes se encontraron en los siguientes enunciados: (3) *"las modificaciones y autorizaciones correspondientes a cambios en el proyecto (ej. conceptos fuera de catálogo, volúmenes adicionales) se autorizan por el cliente rápidamente"*, (14) *"se sigue periódicamente el presupuesto ejecutado"*, (26) *"los trabajos realizados están sujetos a las especificaciones y calidad requeridas en la ejecución de cada una de las actividades"*, (17) *"se llevan a cabo juntas con el equipo de proyecto periódicamente"*, y (20) *"los recursos económicos para la ejecución de los trabajos se consiguen oportunamente durante las fases del proyecto, hasta la conclusión del mismo"*.

De esta manera, se puede mencionar que los integrantes de la empresa comentaron que en diversas ocasiones la solución a los cambios en el proyecto podía llevar un poco más de una semana, como en el caso de la autorización referente a los trabajos de *"limpieza y retiro de basura, reacomodo de costales y enderezamiento de varillas, producto de la lluvia e inundaciones en el lugar de los trabajos"(Actividad 11 Extraordinaria ver la Figura 4.10)*. En dicha actividad, hubo un retraso en la autorización ya que las tareas mencionadas no se incluyeron en el catálogo inicial, por lo que la compañía corrió el riesgo de absorber los costos asociados, mismos que se reembolsaron posteriormente. En relación con el seguimiento del presupuesto ejecutado, la empresa lo llevó sólo con la ayuda del programa general propuesto al inicio del proyecto, resaltando que el uso de una ruta critica no fue adoptado para esta obra.

Como se mencionó anteriormente, una vez adjudicada la obra sólo se entregaron los planos y el catálogo de conceptos. En lo que se refiere a las especificaciones, estas ya se habían facilitado en el proceso de licitación, pero la empresa no las utilizó como una herramienta pues no fueron exigidas ni por la legislación vigente ni por el cliente. Por lo tanto, el director de proyecto participó activamente en la ejecución y supervisión de los trabajos, para que una vez terminada la construcción de la boveda, la obra fuera visitada por los jefes de la *Dependencia A*. En el evento, estos dirigentes detectarón que el perfil de la boveda no se encontraba alineado, por lo cual pidieron a la empresa le diera solución al problema. Esto reveló que era necesaria una supervisión más detallada durante todo el plazo de ejecución, para garantizar la calidad de los trabajos.

Como resultado, tuvieron que realizarse actividades adicionales de corte del perfil de la boveda para corregir el alineamiento. Cabe mencionar que el Director de Obra tuvo que reconocer que no había sido suficiente con delegar la supervisión de la obra al superintendente, quien el día del colado se encontraba con prisas debido a los problemas climáticos del momento, por lo que su instrucción al maestro de obra la consideró igualmente implicita, o simplemente no le dio la importancia necesaria.

Relativo al enunciado de *"realización de juntas semanales periodicamente del equipo de trabajo"*, no se llevaron a cabo juntas con todo el equipo de trabajo, pero como se ha mencionado, existió una constante comunicación del Director General con los jefes y personal de las areas administrativa y técnica. En dichas reuniones, se resolvían dudas o problemas que se presentaban en el momento.

Revisando los párrafos anteriores, se puede recomendar a la empresa que considere la posibilidad de agilizar el trámite de autorización de cambios del proyecto cuando estos sean necesarios, además de cuidar la calidad de sus trabajos de principio a fin. En esencia, debe recordarse que la apariencia y calidad de los resultados finales, son la carta de presentación de la empresa. Además, se sugiere tomar medidas para resolver de manera satisfactoria las conciliaciones por cantidades ejecutadas, y la elaboración de estimaciónes para acelerar los cobros en la obra. En materia de comunicación, se recomienda implementar la realización de juntas periódicas con todo el equipo de trabajo, donde se entreguen avances y aclaren dudas o situaciones, con la intención de que todo el equipo de proyecto este enterado del estatus del mismo.

Control

En cuanto a la etapa de control, se encontró que los enunciados (25) *"las metas, prioridades y alcances permanecen constantes durante la vida del proyecto"* y (27) *"la calidad de los trabajos realizados por el personal es alta",* son los que presentan más variación entre su nivel de práctica actual e importancia percibida. En este caso, para la práctica actual el rango de valores arranca en 2.75 y alcanza los 4.00 puntos, lo que se traduce en nivel bajo y alto respectivamente. Por otra parte, la variación en el nivel de importancia inicia en 4.00 y culmina en 5.00, es decir, va de alto a muy alto. Los valores se muestran en la Figura 4.21.

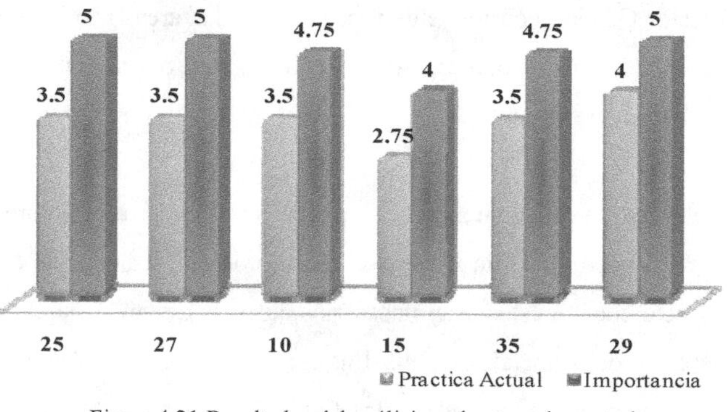

Figura 4.21 Resultados del análisis en la etapa de control
(Elaboración propia)

Relativo a las "*metas, prioridades y alcances constantes en el proyecto*" (enunciado 25), se puede afirmar que para el caso en estudio, se presentaron cambios importantes, pues se reitera que el alcance disminuyó por la reducción de bóveda de 491 a 369 m lineales (es decir, 122 m lineales menos de constucción de bóveda). Además, se incrementó el plazo de ejecución del proyecto en 60 días naturales, sumando un total de 150. Por estas razones, las metas y alcances del proyecto no permanecieron constantes a lo largo de su ejecución.

Por otra parte, la calidad de los trabajos realizada por el personal presentó varias irregularidades, tal como fue explicado en párrafos anteriores con el problema de alineamiento de la boveda. Finalmente, se sabe que la variación de las metas y alcances para este caso , no dependió de la empresa, por lo tanto en materia de calidad, queda como recomendación la constante revisión de los trabajos realizados por los trabajadores, para alcanzar los niveles deseados, y en su caso tomar las medidas correctivas pertinentes.

Cierre

Por último, en el análisis de la etapa de cierre, como se observa en la Figura 4.22, se presentó una variación en la práctica actual entre 2.00 y 4.75, y en el nivel de importancia de un 4.50 a 5.00, es decir de un nivel bajo a alto y de un nivel alto a muy alto respectivamente. Siendo los enunciados con variaciones más sobresalientes:(12) *"se realiza un reporte final de lecciones aprendidas para la empresa, así como se cierra adecuadamente la carpeta de documentos relacionados a la obra"*, y (5) *"se realiza un reporte final de la obra donde se incluyan planos as built, concentrado de estimaciones o la documentación requerida por el cliente para el cierre de la obra"*.

Los resultados encontrados muestran que, referente a la realización de un reporte final de lecciones aprendidas para la empresa, ni el Director General ni el Superintendente de Obra, realizan reporte alguno que las documente. De esta forma, el conocimiento generado en el proyecto es implícito, llegando a constituir parte de la experiencia y conocimientos tácitos de los actores. Esta situación permite que exista la posibilidad de cometer los mismos errores en proyectos previos, y no capitalizar las experiencias positivas.

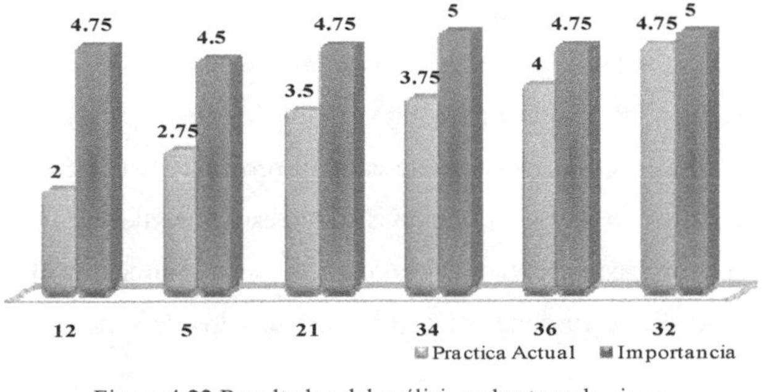

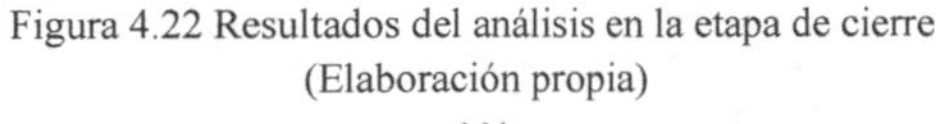
Figura 4.22 Resultados del análisis en la etapa de cierre
(Elaboración propia)

Por otra parte, aunque la empresa realiza una entrega de documentos para el cierre de la obra (ej: planos as built, concentrado de estimaciones, fianza de vicios ocultos y reporte fotográfico), el cierre se limita a la entrega de lo que el cliente exige para concluir la obra. Cabe mencionar que, en caso de que el cliente no pida documentos para el cierre, el personal de la empresa, o en su caso, el superintendente de obra, no entrega ninguno de los reportes antes mencionados ya que tampoco son exigidos por el Director General.

Además, las carpetas de la empresa donde se archivan todos los documentos referentes a la obra, en ocasiones no son completadas. Para el caso de estudio se comprobó que no faltaban ni archivos ni anexos. Sin embargo, los integrantes de la empresa revelaron que existían algunas carpetas donde faltaban documentos (ej.: catálogos, oficios, actas entrega-recepción, estimaciones, facturas, fianzas, oficios enviados, oficios recibidos, contratos de obra, convenios adicionales, programas, reprogramaciones, planos de proyecto, bitacora, minutas de campo, planos as-built, reporte fotográfico, concentrado de estimaciones, reporte final, etc.) que no se habían podido completar a la fecha de escritura del presente trabajo.

De esta forma, se puede llegar a una recomendación final para la etapa de cierre. Debido a que la empresa presenta una variación considerable en la realización de reportes finales para su cliente, es conveniente que designe una tarea adicional al Superintendente de Obra, que es la persona encargada y enterada de todos los asuntos referentes al proyecto. Esta tarea consistirá en la recopilación de los documentos faltantes dentro de la carpeta de la obra, una vez completada. Dicha carpeta, será entregada al área de dirección de obra, en donde se corroborará que los documentos y oficios esten completos.

Por otra parte, se recomienda a la empresa la realización de un reporte de lecciones aprendidas, en el que se narren las dificultades que se presentaron durante la ejecución del proyecto, y las medidas de solución adoptadas para resolverlas. Además de este informe, se sugiere generar una carpeta de fácil acceso para el personal de la empresa, y que sea revisada periodicamente y/o al inicio de cada uno de sus proyectos para que, de esta forma se eviten o prevengan la repetición de dichos problemas, errores o dificultades. La carpeta se puede tener almacenada en medios electrónicos para facilitar su consulta.

4.5 Discusión de resultados

4.5.1 Reporte del uso de herramientas: enfoques cuantitativo y cualitativo

Concluido el análisis del primer caso, se procederá a realizar la discusión de los resultados, haciendo una comparación con lo obtenido en este caso y el capítulo 3, de esta forma se podrá ver la parte cuantitativa y cualitativa del uso de las herramientas.

Enfoque cuantitativo

Con base en el diagnostico de las prácticas de la AP en el capítulo 3, se encontró que los porcentajes de niveles de uso actual a los de importancia con respecto a las herramientas en cada una de las etapas del proyecto, fueron los que se muestran dentro de la Tabla 3.6, en donde la etapa con mayor diferencia es la de control, seguida de la de ejecución, planeación y finalmente cierre.

Dando una mayor profundidad al diagnóstico, en la Tabla 4.8 se presenta una comparación entre las medias de uso e importancia de cada una de las herramientas reportadas para la empresa analizada.

Tabla 4.8 Comparación de medias en herramientas empleadas (Elaboración propia)

Herramientas	Media de uso	Media de importancia	Resultado
Planeación			
P.1 Plan de proyecto	3.95	4.50	Sig.
P.2 Organigrama	3.75	4.13	Sig.
P.3 Calendario de eventos	3.73	4.11	Sig.
P.4 Programa de abastecimientos	3.85	4.21	Sig.
P.5 Programa del proyecto	4.07	4.51	Sig.
P.6 Estimados de costos	4.25	4.57	Sig.
P.7 Programa de erogaciones	3.68	4.17	Sig.
Ejecución			
E.1 Administración de concursos	3.67	4.10	Sig.
E.2 Administración de contratos	3.75	4.18	Sig.
E.3 Requisiciones de pago	3.92	4.21	Sig.
E.4 Evaluación de alternativas	3.35	4.06	Sig.
Control			
C.1 Control del programa	3.85	4.53	Sig.
C.2 Control presupuestal	4.00	4.51	Sig.
C.3 Estatus Semanal	3.40	4.01	Sig.
C.4 Sistema de control de cambios	3.15	3.98	Sig.
Cierre			
CI.1 Reporte final	4.10	4.47	Sig.
CI.2 Cierre técnico-administrativo	3.97	4.38	Sig.
CI.3 Cierre contractual	4.01	4.43	Sig.

Como se puede apreciar, los resultados muestran que para la planeación la herramienta "plan de proyecto" es la que presenta una mayor diferencia entre su nivel de uso e importancia, así como la evaluación de alternativas en la etapa de ejecución; sistema de control de cambios en la etapa de control y el cierre contractual para la etapa de cierre; mostrando ser muy importantes, con respecto al uso que le dan en la práctica.

Enfoque cualitativo

Dentro de la Tabla 4.2 del presente capítulo se propuso una serie de herramientas, en donde se resaltaron aquellas que fueron y no fueron utilizadas a lo largo del proyecto por la empresa bajo estudio, así como se dio una breve descripción de aquellas que se utilizaron. Sin embargo a pesar de no haberse ejecutado ciertas herramientas propuestas, se encontró que si hubiesen sido ejecutadas, los objetivos de la obra y de la compañía posiblemente hubiesen mejorado.

Tal es el caso del uso del plan de seguridad contra posibles riesgos, el monitoreo de riesgos y el reporte de lecciones aprendidas. Como ya fue descrito, la falta de experiencia en obras de este tipo provocó la existencia de un plan de seguridad pobre, debido a que se desconocían los riesgos a los que se enfrentaban, generando trabajos, costos y tiempo de ejecución adicionales. De la misma forma se encontró que la *Dependencia A,* dada la magnitud del proyecto, propuso una obra de desvió deficiente para el tiempo de ejecución planteado y la temporada del año (con lluvias) en que se realizaron los trabajos, lo que provocó un incremento en su costo.

En términos de las lecciones aprendidas, a pesar de que la experiencia adquirida por el personal que laboró en el proyecto fue amplia, en ese momento no se documentaron dichas vivencias. Esto lleva implícito el riesgo de que el conocimiento generado se pierda.

Por otra parte, las medias de uso de las herramientas, para cada una de las etapas del proyecto, de acuerdo al análisis descrito en el capítulo 3 son los que se muestran dentro de la Tabla 4.9, en donde además se exponen las medias de uso para este análisis.

Tabla 4.9 Media de uso en las etapas de proyecto (Elaboración propia)

Etapa	Media de uso en la empresa	Media de uso de la muestra
Planeación	3.17	3.89
Ejecución	3.25	3.67
Control	1.75	3.60
Cierre	4.00	4.02

Como puede observarse, las medias de uso para la empresa se encuentran por debajo del promedio, existiendo una mayor divergencia en la etapa de control, seguida de la planeación, ejecución y cierre. Analizando a detalle las herramientas de la fase de control (ver Tabla 4.10), se encontró que las relativas a sistemas de control de cambios y control del programa, se ubican por debajo de las medias de uso. Además de que las dos actividades restantes (estatus semanal y control presupuestal) presentan cuando menos un uso equivalente al promedio.

Tabla 4.10 Actividades que presentan mayor media de uso a la de la muestra (Elaboración propia)

Herramienta en la etapa de control	Media de uso en la empresa	Media de uso de la muestra
C.1 Control del programa	3.00	3.85
C.2 Control presupuestal	4.00	4.00
C.3 Estatus Semanal	4.00	3.40
C.4 Sistema de control de cambios	2.00	3.15

4.5.2 Reporte del uso de FCEs: enfoques cuantitativo y cualitativo

Enfoque cuantitativo

En el análisis anterior solo se reflejaron el uso e importancia de las herramientas en cada una de las etapas del proyecto que la empresa bajo análisis le dio al caso en estudio, por lo que ahora corresponde hacer lo propio con el uso de los Factores Críticos de Éxito explorados en las 60 empresas participantes. Así mismo se contrastarán los resultados de ambos casos, para resaltar la importancia que tienen para el desarrollo de un proyecto.

Como puede apreciarse en la Tabla 4.11, todos los factores críticos resultaron ser poco usados en la práctica en comparación con el valor de importancia que le dan el resto de las empresas. De hecho, el factor "disponibilidad de fondos" en el grupo de competencia administrativa del gerente, es el que obtuvo la mayor diferencia. Esto puede entenderse por la importancia que tiene el recurso monetario para poder llevar a cabo un proyecto. En el grupo de integración del equipo ejecutor, se tiene el factor "seguridad laboral del equipo encargado del proyecto", punto indispensable para el grupo de trabajo, pues de ello depende la seguridad de cada uno de sus integrantes.

Tabla 4.11 Comparación de medias de los FCEs para la muestra de 60 empresas (Elaboración propia)

Grupo	Factores	Nivel de uso	Nivel de importancia	Resultado
Seguimiento	• Empleo de reportes generales de avance	3.95	4.50	Sig.
	• Empleo de reportes detallados de avance	3.61	4.33	Sig.
	• Similitud del proyecto con proyectos anteriores	3.71	4.13	Sig.
	• Asignación realista de duraciones a las actividades del proyecto	3.83	4.56	Sig.
	• Capacidad para definir a tiempo el diseño y las especificaciones del proyecto	3.78	4.56	**Sig.**
	• Capacidad para cerrar el proyecto	4.08	4.68	Sig.
Competencia Administrativa del Gerente	• Habilidades administrativas adecuadas del gerente de proyecto	3.95	4.43	Sig.
	• Habilidades humanas adecuadas del gerente de proyecto	3.68	4.35	Sig.
	• Habilidades técnicas adecuadas del gerente de proyecto	4.10	4.60	Sig.
	• Influencia suficiente del gerente de proyecto en su equipo de trabajo	4.06	4.63	Sig.
	• Autoridad suficiente del gerente de proyecto	4.08	4.63	Sig.
	• Apoyo de la alta dirección	4.00	4.40	Sig.
	• Disponibilidad de fondos para iniciar el proyecto.	3.90	4.81	**Sig.**

Tabla 4.11 Comparación de medias de los FCEs para la muestra de 60 empresas (Elaboración propia — Continuación)

Grupo	Factores	Nivel de uso	Nivel de importancia	Resultado
Participación Del Cliente	• Coordinación de la empresa con el cliente	4.05	4.48	Sig.
	• Interés del cliente en el proyecto	3.80	4.50	**Sig.**
	• Complejidad del proyecto	3.78	3.95	Sig.
Integración del Equipo Ejecutor	• Participación del equipo encargado del proyecto en la toma de decisiones	3.95	4.43	Sig.
	• Participación del equipo encargado del proyecto en la solución de problemas	4.00	4.63	Sig.
	• Estructura bien definida del equipo encargado del proyecto	3.90	4.58	Sig.
	• Seguridad laboral del equipo encargado del proyecto	3.86	4.66	**Sig.**
	• Espíritu de trabajo en equipo	3.80	4.51	Sig.

De igual forma, en el grupo participación del cliente, el factor "interés del cliente en el proyecto" resultó ser relevante en su nivel de importancia, situación contraría al uso que le dan, aspecto que resulta ser relevante y más cuando se trata de la revisión de las obras, pues la mayoría trabaja para el gobierno del estado. Así mismo, para el grupo de seguimiento se tiene el factor "capacidad para definir a tiempo el diseño y las especificaciones del proyecto", mismo que esta en función de la dependencia o institución que promueve la licitación.

Enfoque cualitativo

Dentro de la Tabla 4.12 se encuentra tanto la media de uso de la empresa como la de la muestra de análisis, hallándose que el grupo "competencia administrativa del gerente" es el de mayor divergencia en la importancia que le dan, en comparación con el uso que tienen los factores de este conjunto. En seguida se encuentran los grupos de participación del cliente, integración del equipo ejecutor y seguimiento, obedeciendo también el comportamiento a la empresa analizada.

Tabla 4.12 Medias de uso de los grupos de FCEs de la empresa y de la muestra de análisis (Elaboración propia)

Etapa	Media de uso en la empresa	Media de uso de la muestra
Seguimiento	3.40	3.83
Competencia administrativa del gerente	4.00	3.97
Participación del cliente	3.67	3.87
Integración del equipo ejecutor	3.60	3.90

Revisando de forma detallada la etapa de seguimiento (ver Tabla 4.13), se encontró que el Empleo de reportes generales de avance es el factor que presenta una mayor diferencia entre la media de uso de la empresa en comparación a la del análisis de las 60 empresas, seguida de la Asignación realista de duraciones a las actividades del proyecto y la Capacidad para definir a tiempo el diseño y las especificaciones del proyecto.

Tabla 4.13 Medias de uso en los factores del grupo de "seguimiento" de la empresa y la muestra de análisis (Elaboración propia)

Factores	Media de uso en la empresa	Media de uso de la muestra
Empleo de reportes generales de avance	4.00	3.95
Empleo de reportes detallados de avance	2.00	3.61
Similitud del proyecto con proyectos anteriores	4.00	3.71
Asignación realista de duraciones a las actividades del proyecto	3.00	3.83
Capacidad para definir a tiempo el diseño y las especificaciones del proyecto	3.00	3.78
Capacidad para cerrar el proyecto	5.00	4.08

En efecto, según los reportes del personal de la compañía dentro de los casos analizados se manifiesta que no existe el empleo de herramientas que ayuden a revisar el avance periódico en la obra, así como la asignación de la duración de actividades para un proyecto, encontrándose que es un área en la que la empresa tiene problemas en algunos proyectos, sin embargo debido a malas experiencias se ha prestado mayor atención en esta actividad durante la elaboración de las propuestas.

Por otra parte se tiene que las actividades de Capacidad de cerrar el proyecto, Similitud de proyecto con proyectos anteriores y de Empleo de reportes generales de avance son aquellas que presentan una media superior al de las 60 empresas analizadas.

4.6 Resumen

Una vez presentado el Caso I, se puede afirmar que el proyecto se desarrolló empíricamente. Además, la compañía se enfrentó con las adversidades descritas, debido a la falta de experiencia en obras similares, teniendo problemas particularmente en los riesgos detectados a lo largo de las etapas de planeación, ejecución y control. Por otro lado, con base en el análisis de resultados presentado, se encontró que las actividades relacionadas con: plan de proyecto, evaluación de alternativas, sistema de control de cambios y cierre contractual, son las que tienen un menor uso por parte de la empresa. Por ello, se le recomienda tomar en consideración el empleo de estas herramientas en sus procesos, para obtener una mejora en los resultados finales de sus proyectos. De igual manera, y dado que el uso de los FCEs ha sido escaso, se invita a la empresa a que considere su empleo en obras posteriores. Con este panorama en mente, se procede ahora a la descripción del segundo caso.

CAPÍTULO 5

ADMINISTRACIÓN DE PROYECTOS EN LA PRÁCTICA: UN CASO DE ESTUDIO. CASO II

5.1 Introducción

En definitiva el primer caso fue valioso para que la organización adquiriera experiencia en la construcción de este tipo de obras. Así, cuando surgió la oportunidad de ejecutar un proyecto de características similares, se decidió capitalizar las lecciones aprendidas previamente, por lo que se esperaba desde un inicio observar mejoras significativas en este segundo ejercicio. A continuación se presentan los resultados obtenidos.

5.2 Caso II

5.2.1 Descripción del proyecto

El segundo caso "Rehabilitación de muros marginales en el río Verdiguel" comparte características similares con el Caso I. Para este caso, se tuvieron 45 días naturales como plazo de ejecución, siendo la fecha original y sin diferimiento de inicio el 22 de Abril de 2009, y la fecha de termino el 5 de Junio de 2009.

El proyecto consistió en la construcción de 30m lineales de una bóveda con sección de 5.00 x 3.30m y de 0.30cm de espesor, con acero de refuerzo del No. 4 (1/2"), (ver la Figura 5.1). Como se puede apreciar, se presenta la sección tipo a seguir para la construcción de la bóveda, indicando además las especificaciones técnicas de la misma, que fueron proporcionadas dentro del plano del proyecto realizado por la *Dependencia A*.

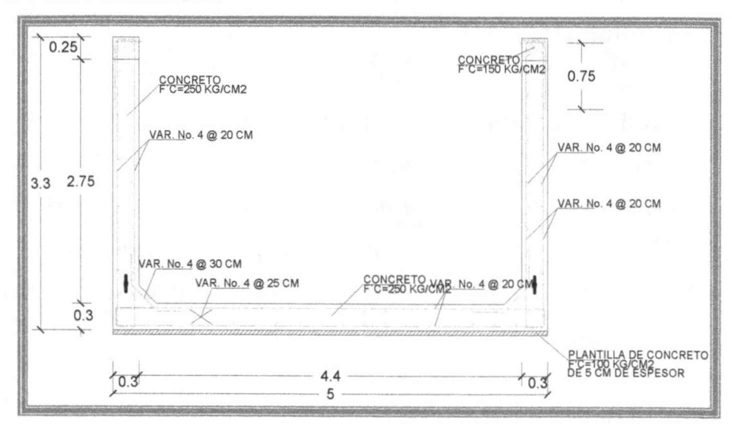

Figura 5.1 Sección transversal de bóveda, (Fuente: Dependencia A - 2009)

La Figura 5.2 muestra imágenes del proceso constructivo de la obra, llevado a cabo por la empresa en estudio. En ellas puede observarse la sección real del proyecto. Por último, la Figura 5.3 ilustra la planta de la bóveda en cuestión, en donde se debe mencionar que, a diferencia del caso anterior, la longitud proyectada (30 m lineales) coincidió con la ejecutada en campo.

Figura 5.2 Proceso constructivo de bóveda,
(Fuente: Empresa en estudio - 2009)

Comparando las Figuras 4.1, 4.2 y 4.3 correspondientes al Caso I (ver Capítulo 4), con las Figuras 5.1, 5.2 y 5.3 del Caso II, se aprecia que en este último se construyeron menos metros lineales de bóveda que en el primero (I: 369 m > II: 30 m). En contraste, a las dimensiones del ancho de la primera que fueron mayores (I: 2.10 m < II: 5.00 m).

Al igual que el Caso I, el segundo se obtuvo por medio de una Licitación Pública. Incidentalmente el proyecto fue realizado para la misma *Dependencia A*, por lo que la etapa de planeación se generó por esta instancia, y la empresa bajo estudio se limitó a realizar los trabajos de construcción.

En la Figura 5.3 se presentan los detalles técnicos del proyecto, así como el área total de construcción (área resaltada), donde se indica la cota inicial, la pendiente de bajadas y la cota final de la bóveda.

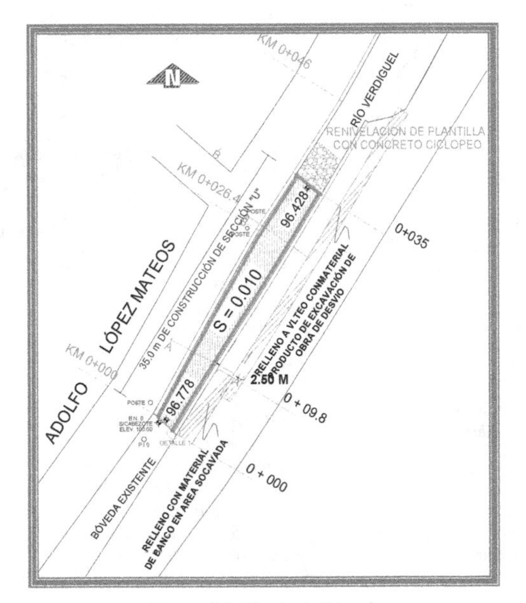

Figura 5.3 Planta de bóveda
(Fuente: Dependencia A - 2009)

Por otra parte, tomando nuevamente como referencia la Tabla 4.1, se elaboró la Tabla 5.1 mostrada a continuación, en la que se describen las actividades, técnicas y herramientas que fueron utilizadas durante la construcción de esta segunda obra, así como las actividades que no se realizaron en cada etapa del proyecto.

Tabla 5.1 Actividades, técnicas y herramientas que fueron utilizadas en el Caso II (Elaboración propia)

Etapa	Actividades	¿Realizado?	Descripción de Herramientas y Técnicas utilizadas
Inicio	Objetivos y alcances	Si	Los objetivos y alcances del proyecto se realizaron por parte de la dependencia, teniéndose claros desde un inicio y alcanzándose en su totalidad al final de los trabajos.
	Presupuesto	Si	La realización del presupuesto se hizo con base en los documentos de la licitación pública correspondiente, con estricto apego a las especificaciones y al catálogo de conceptos en ellos establecidos. Se realizó un análisis de precios unitarios detallado, contemplando los desperdicios de los materiales reales.
	Programa de erogaciones	Si	El programa de erogaciones se realizó con base en la propuesta entregada en los documentos de licitación pública emitidos por el organismo.
Planeación	Especificaciones y diseño	Si	Se emplearon las entregadas por el organismo.
	Programa de actividades	Si	El propuesto en la licitación pública.
	Ruta crítica	No	Sólo se utilizó el programa general de los trabajos, ayudando a enmarcar la ruta crítica de las actividades a realizar.
	Programa de erogaciones	No	Se utilizó solo en el proceso de licitación.
	Evaluación de riesgos	Si	Una vez adjudicada la obra, previo a la fecha de inicio, el personal de la empresa realizó visitas al lugar de los trabajos, en donde se evaluaron los posibles riesgos. Acto seguido, la *Dependencia A* fue convocada para la valoración y discusión de estos riesgos.
	Plan de seguridad contra posibles riesgos	Si	Uno de los riesgos identificados, fue la insuficiencia que tendría el tubo para el desvío de agua en virtud del gasto que fluiría a través de él, consecuentemente se solicitó a la *Dependencia A*, un cambio en el alcance del proyecto para la construcción de dicha obra, mismo que fue analizado y autorizado, previo a la fecha de inicio de los trabajos.
	Firma de contratos y plan de adquisiciones	Si	No se propuso un plan de adquisiciones, pero antes de dar inicio con la obra, se abastecieron los materiales y equipos necesarios para su inicio.
	Asignación de recursos humanos	Si	Se designó con anticipación al personal que trabajaría en la obra.
	Plan de comunicación	No	No existió plan de comunicación, sin embargo existe interacción constante entre el personal administrativo y de campo.

Tabla 5.1 Actividades, técnicas y herramientas que fueron utilizadas en el Caso II (Elaboración propia — Continuación)

Etapa	Actividades	¿Realizado?	Descripción de Herramientas y Técnicas utilizadas
Planeación	Plan de integración del equipo	No	A pesar de la carencia de un plan formal para integrar equipos de trabajo, en la práctica se conformaron grupos de trabajo designados para la realización de diversas tareas, que en conjunto llevaron a la conclusión exitosa en la construcción del proyecto.
	Organigrama	Si	Al igual que en el proyecto anterior, el organigrama utilizado en esta empresa es el genérico (ver fig. 3.5), donde tanto el personal administrativo, como el técnico tienen conocimiento del mismo, sin embargo no existe inducción de su funcionamiento, además de que al personal de obra (maestros de obra, ayudantes, etc.) no se les da el conocimiento de este organigrama, pero identifican al Superintendente y Director de Obra como sus jefes inmediatos. Debe notarse que en el organigrama manejado no se identificó al personal de la empresa o dependencia contratante.
	Calendario de Eventos	No	La empresa bajo estudio no utiliza un programa de eventos que le facilite la identificación de fechas de sucesos próximos, tales como juntas, entregas de estimaciones, fecha límite de obra, etc., sin embargo tiene el control de los eventos más importantes aunque en ocasiones presenta retrasos en entrega de estimaciones y documentación solicitada por la dependencia.
	Programa de abastecimiento	No	Durante el proceso de elaboración de la Licitación se planifican los materiales a utilizar y los proveedores, según la zona de la obra, sin embargo no se realiza un programa de abastecimiento que indique a los proveedores, anticipos y fechas de entrega de material en el lugar de los trabajos, requeridos para la realización de la obra.
	Estimado de costos	Si	Éste se realiza durante el proceso de licitación de la obra, en base a los presupuestos de materiales cotizados para esos trabajos, el cual fue entregado en la propuesta y aceptado por el organismo.
Ejecución	Puesta en marcha del proyecto	Si	Se inició la obra sin problemas y en la fecha pactada.
	Administración de concursos	Si	La empresa realizó previo a la asignación del proyecto una propuesta que fue evaluada junto con otras por la Dependencia A; donde cumpliendo con los requisitos y especificaciones para la ejecución de la obra, le fue asignada.
	Administración de contratos	Si	Los contratos para la adquisición de materiales, compra o renta de equipo se realizan una vez adjudicada la obra en el momento que se requiera.
	Requisiciones de pago	No	Las requisiciones de pago para la ejecución de los trabajos fueron por medio de Estimaciones de Obra, de las que solo fueron realizadas dos, y debido a que el periodo de ejecución fue demasiado corto estas se entregaron al término de la obra, donde solo se retraso el pago de la última estimación, esto debido al cierre formal de la obra y al cambio de administración de la *Dependencia A*.

Tabla 5.1 Actividades, técnicas y herramientas que fueron utilizadas en el Caso II (Elaboración propia — Continuación)

Etapa	Actividades	¿Realizado?	Descripción de Herramientas y Técnicas utilizadas
Ejecución	Evaluación de alternativas	Si	Durante la elaboración de la propuesta, se realizó un análisis de aquellos proveedores que ofrecieran calidad y precio de los materiales a ocupar cerca del lugar de la obra, con el fin de minimizar costos sin afectar la calidad de los trabajos, una vez adjudicado el proyecto se revisó aquellos proveedores considerados en la propuesta para la ejecución de la obra, contratando así los más adecuados para los mismos.
Control	Control de calidad	Si	La única herramienta utilizada fue la supervisión externa e interna, existiendo una constante revisión en la ejecución de los trabajos realizados por el personal de campo, y en caso de existir irregularidades, se aplicaron las medidas correctivas correspondientes. Finalmente, para el control de calidad se solicitó a la empresa la realización de pruebas de laboratorio, (resistencia de concreto y compactación en el área de relleno).
	Ruta crítica	No	Sólo se utilizó el programa general de los trabajos, ayudando a enmarcar las actividades críticas a realizar..
	Control del programa	Si	Durante la ejecución de la obra se realizaron las actividades en el tiempo y plazo indicado, incluso algunas fueron terminadas anticipadamente
	Monitoreo de riesgos	Si	Debido a la naturaleza de la obra, existió una constante alerta de riesgos, por lo que la empresa bajo estudio decidió incrementar su fuerza de trabajo y prevenir posibles pérdidas.
	Control del presupuesto (plan de erogaciones)	No	Se realizó una revisión de gastos semanales, con base en las cantidades programadas inicialmente. Sin embargo, el programa de erogaciones propuesto durante el proceso de licitación, no fue utilizado durante la ejecución de la obra.
	Control de recursos humanos	Si	Se llevó a cabo un control del personal de campo mediante listas de asistencia, y la verificación del número de trabajadores necesarios para la realización de los trabajos. En caso de existir un exceso de empleados, se realizaban recortes de personal de campo. Se organizaron cuadrillas de trabajo para la ejecución de los trabajos.
	Juntas semanales de obra y elaboración de minutas	Si	Existió una comunicación constante y efectiva del personal técnico con el administrativo y con la dirección del proyecto, grupos que manifestaban sus necesidades para la ejecución satisfactoria de la obra. Existieron pláticas diarias entre el director de obra con el superintendente, donde se informaban los avances, contratiempos y materiales requeridos para la obra Además se hacían planes a corto plazo donde se especificaban los trabajos que serian realizados al día siguiente. El supervisor de obra realizó minutas de campo, sobre todo cuando se presentaban cambios en el proyecto.
	Bitácora de obra	Si	Se realizó la bitácora de obra conjuntamente entre el superintendente y el supervisor de obra, aunque no se actualizó constantemente.

Tabla 5.1 Actividades, técnicas y herramientas que fueron utilizadas en el Caso II (Elaboración propia — Continuación)

Etapa	Actividades	¿Realizado?	Descripción de Herramientas y Técnicas utilizadas
Control	Estatus Semanal	No	Aunque se tiene un control de los trabajos realizados en el lugar por el director y Superintendente de obra (monitoreando los costos y avances), estos no son realizados de forma semanal ni entregados como una herramienta adoptada por la empresa, sin embargo debido a que el periodo de la obra fue de 30 días naturales, se realizó un estatus al inicio, a los quince días y al termino de la obra, con lo que se permitió ver las cantidades ejecutadas e importes por ejecutar, encontrando que existía una cuantificación excesiva en el presupuesto de los materiales a utilizar, lo que permitió la autorización de conceptos fuera de catalogo sin la realización de un convenio adicional por monto.
	Sistema de Control de Cambios	No	El único registro de cambios en el proyecto utilizado por la empresa es mediante la Bitacora de Obra y las Minutas de Campo, mismas que son avaladas por el Supervisor de Obra del Organismo y el Superintendente de Obra, y una vez aceptadas las modificaciones (en caso de existir) se procede al cambio de proyecto, sin embargo la empresa no utiliza alguna herramienta que le facilite la identificación de cambios y el control del mismo.
Cierre	Reporte final	Si	Se realizó un concentrado de estimaciones para el organismo, el cual mostraba el estado financiero de la obra.
	Cierre físico	Si	Se reportó el término de la obra al organismo. Se realizó la limpieza general del sitio y se retiró el material, maquinaria y equipo del lugar de los trabajos.
	Finiquito	Si	El finiquito se realizó una vez conciliados con el supervisor de obra, todos los trabajos ejecutados. Este procedimiento llevó poco tiempo para su cierre.(2 meses aproximadamente), sin embargo el pago del finiquito se realizó nueve meses después de su ingreso.
	Cierre de contratos y finanzas	Si	Se realizó a tiempo el cierre administrativo de la obra. Los contratos y finanzas se terminaron en el plazo acordado.
	Acta entrega	Si	Una vez finiquitada la obra se procedió a la generación del acta entrega por parte del organismo.
	Carpetas as built	Si	Se entregaron al organismo los planos finales del proyecto, así como un reporte fotográfico del mismo.
	Lecciones aprendidas	No	Se encontró que la empresa bajo estudio no llevó a la práctica la realización de un reporte de lecciones aprendidas al termino del proyectó.

Como puede observarse, existieron actividades, herramientas y técnicas utilizadas en todas las etapas del proyecto, en donde la empresa recurrió a experiencias previas para analizar los posibles riesgos en la obra, así como para proponer medidas de prevención y de solución. Para ello, antes del inicio del proyecto, le pidió a la *Dependencia A* la autorización del cambio de la obra de desvió, con el objeto de reducir los riesgos. Esta situación será detallada en los párrafos correspondientes en la tarea de evaluación de riesgos.

A pesar de lo expuesto, nuevamente se detecta que la empresa dejó de utilizar algunas herramientas teóricas de planeación, debido a que no se diseñó ni una estrategia de comunicación, ni un plan de integración del equipo. Sin embargo, empíricamente se contó con una buena comunicación entre los empleados y la dirección, lo que facilitó la toma de decisiones en casos de contingencia.

En cuanto a la integración del equipo de trabajo en campo, la experiencia y contactos del Director, del Superintendente y del Maestro de Obra en proyectos similares, facilitaron su manejo, en virtud de que se invitó a personas especializadas en cada área, a que desarrollaran los trabajos correspondientes (ej: herreros, operadores y carpinteros). Es importante mencionar que tanto el Director como el Superintendente supervisaron personalmente las actividades del equipo de trabajo, para asegurar la calidad de los entregables finales.

Aunque puede observarse que el panorama de este caso presenta una mejoría en comparación con el primero, a continuación serán desarrolladas y descritas con mayor detalle cada una de las actividades realizadas para este proyecto.

5.2.2 Herramientas empleadas en las etapas del proyecto

Inicio

Objetivos y alcance del proyecto

El proyecto surgió de la necesidad y urgencia de protección para los habitantes de la zona, debido a que los muros de mampostería existentes presentaban signos de socavación en su área inferior. De manera particular, la margen derecha estaba afectada en una longitud de 10m por el flujo de desechos y materiales tóxicos, lo cual representaba una amenaza constante que podía derivar en el colapso del o de los muros. Notar que el camino ubicado a la derecha del Río Verdiguel (ver Figuras 5.4 a 5.6), representaba el único acceso a las comunidades del lugar, por lo que una falla hubiera desembocado en interrupciones del tráfico vehicular que por ahí circula. No menos importante es el hecho de que el eventual desbordamiento de dicho río, puede generar inundaciones en las viviendas más próximas a su cauce.

En consecuencia, la *Dependencia A* decidió convocar a la Licitación Pública para ejecutar la obra en el tramo más resentido, como medida de prevención. La Figura 5.4 muestra imágenes de la socavación existente en el muro de mampostería de la margen derecha, con mayor riesgo de colapso.

Figura 5.4 Socavación existente en la margen derecha del muro de mampostería (Fuente: Empresa bajo estudio - 2009)

Las Figuras 5.5 y 5.6 muestran la imagen satelital del lugar de los trabajos, en las que puede apreciarse que sólo existe un acceso para las viviendas de la zona, margen derecha del río, por lo que el posible colapso del muro e inundación del lugar afectaría a todos los hogares del lugar, causa por la que era de suma importancia la construcción de la bóveda en este tramo del canal.

Figura 5.5 Vista en planta de la bóveda, (Fuente: Google earth – 2009)

Figura 5.6 Viviendas afectadas por posible inundación en el área
(Fuente: Google earth - 2009)

Se puede decir entonces que, el objetivo del proyecto fue beneficiar a las viviendas que se ubican en esa zona, teniendo como alcance la construcción de 30m lineales de bóveda, longitud que abarcó las zonas del muro de mampostería más dañadas por la socavación. De esta forma, se logró proteger a los vecinos de un posible colapso, y la consecuente inundación de sus hogares y/o inaccesibilidad a ellos. De hecho, cuando se inició la obra, se pudo percibir que las lluvias estaban empeorando la zona socavada, por lo que el inicio del trabajo fue muy oportuno.

Presupuesto

Una vez planteado el objetivo y el alcance de la obra, la *Dependencia A* generó un catálogo de conceptos que incluía los trabajos necesarios para su realización, cuantificando los volúmenes correspondientes, y verificando que los recursos estuvieran disponibles. Como resultado, se creó una lista que comprendía la descripción de 21 conceptos, que fueron incluidos en los documentos de la licitación pública ganada por la empresa.

Habiendo adjudicado el proyecto, la *Dependencia A* revisó la versión original del presupuesto que la empresa había presentado durante el concurso, y analizó con detenimiento cada uno de los Precios Unitarios (PU) de los 21 conceptos. Como resultado del ejercicio, se aprobó sin modificaciones la inversión de $ 839,698.26 antes de IVA. Acto seguido, se procedió con la etapa de planeación, descrita enseguida.

Planeación

Programa de erogaciones

Al igual que el presupuesto, durante el proceso de licitación, la empresa entregó los programas de erogaciones mensuales correspondientes a: (i) programa general de ejecución de los trabajos o programa de obra, (ii) programa de maquinaria y equipo, (iii) programa de mano de obra, y (iv) programa de materiales, todos se basaron en el presupuesto aprobado. Cabe mencionar que en el proceso de ejecución del proyecto, estos programas sirvieron de guía para revisar y controlar que los trabajos fuesen ejecutados conforme a lo establecido, lo cual ayudó a detectar algunos retrasos en el desarrollo de la obra (principalmente por lluvias).

Evaluación de riesgos

Antes de la fecha de inicio de los trabajos, se realizaron visitas al sitio para identificar posibles riesgos. Así, el Director General y el Superintendente efectuaron una primera inspección, y posteriormente solicitaron una visita conjunta con los representantes de la *Dependencia A* para darles a conocer dos puntos principales:

1. El muro de mampostería de la margen derecha que presentaba la mayor socavación, se encontraba además demasiado fisurado y dañado (Figura 5.4) por lo que existía la posibilidad de que, al comenzar con los trabajos de reposición de muros de piedra, este se colapsara. Desde luego, eso brindaba el riesgo de provocar lesiones o pérdidas humanas de los trabajadores que se encontraban a cargo de la ejecución de la remoción.

2. La obra de desvío planeada por la *Dependencia A* para la ejecución de este proyecto, consistía en la colocación de 36m lineales de tubería PEAD de 61cm (24") de diámetro dentro del canal, desviando el agua dentro de ésta por medio de un muro a base de costales rellenos de arena. Enseguida, se construiría primero la mitad del canal (sección), y una vez concluido se levantaría la segunda parte, pasando la obra de desvío a la parte de la sección de bóveda recién construida.

Tomando como referencia la experiencia adquirida en el Caso I, la empresa consideró que esta nueva obra de desvío era insuficiente, ya que la temporada en la que se construiría coincidía con el principio de la época de lluvias (Abril–Mayo). De hecho, se sabía que gran parte del agua de lluvia de la ciudad de Toluca y sus alrededores desembocaba en este río, lo cual representaba un factor de riesgo para los trabajadores, materiales y herramientas dentro de la bóveda. Para dimensionar el tamaño del problema, se constató que el tirante del río con una lluvia ligera en la ciudad, ascendía hasta el extremo superior del canal existente.

De esta manera, la *Dependencia A* y la empresa acordaron realizar un plan de seguridad contra riesgos, mismo que se detalla a continuación.

Plan de seguridad contra posibles riesgos

Como resultado del análisis de los párrafos precedentes, la *Dependencia A* aceptó un cambio en el proyecto, el cual consistía en la ampliación de la obra de desvío. Básicamente, se construyeron dos líneas de tubería en la parte lateral derecha del canal (sin obstruir el paso de vehículos), con el objeto de tener más posibilidades de descargar el caudal de agua presente en el río. En paralelo, como ya se ha mencionado, se solicitó permiso para demoler el muro de mampostería de la margen derecha, en los 10m que presentaban socavación, solicitud que fue analizada por la *Dependencia A* antes de iniciar los trabajos.

Como resultado de dicho análisis, se autorizó la ejecución de la obra de desvío en la margen derecha del canal, mediante la excavación de una zanja de aproximadamente 1.50m de ancho x 2.00m de profundidad, colocando dentro de ésta las dos tuberías paralelas de PEAD de 61cm de diámetro en una longitud de 40m lineales, paralelos al cauce del río. Para completar los 50m que existían entre el inicio del punto de desvío y el final del tramo en construcción, se dejó la zanja libre de tubería, representando un canal a cielo abierto en los 10 m restantes, mismos que regresaban el agua desviada al cauce original.

Para canalizar el agua del río a las tuberías instaladas se colocó, al inicio de la obra y dentro de la bóveda existente, un muro a base de costales rellenos de arena. Además, para la conexión de las dos tuberías de desvío se autorizó solo la demolición del área de mampostería necesaria para la realización de estos trabajos (2.00m aproximadamente).

En la primera imagen de la Figura 5.7 puede observarse el proceso constructivo de la obra de desvío en el lugar, en donde se muestra el anclaje de la bóveda existente con la tubería descrita. En la imagen central se muestra la tubería colocada dentro de la zanja previamente excavada y en la tercera ilustra la zanja que conduce de regreso el agua que fluye dentro de las dos tuberías al cauce del río, a una distancia de 50m del inicio de la obra.

Figura 5.7 Obra de desvío
(Fuente: Empresa bajo estudio - 2009)

Cabe resaltar que la *Dependencia A* no autorizó la demolición total del muro de mampostería de la margen derecha, aunque dicho muro falló eventualmente como se describirá más adelante, en el monitoreo de riesgos.

Firma de contratos y plan de adquisiciones

En esta segunda obra, la empresa adoptó las mismas medidas que en el Caso I para el abastecimiento de materiales. Así, durante la elaboración de la propuesta para la licitación, se cotizaron los materiales con los proveedores más cercanos al sitio de la obra, y que ofrecieran el mejor costo de la zona. De tal manera que, en caso de ser adjudicada, la compañía tendría ubicados los lugares y proveedores que le suministrarían los materiales requeridos para la ejecución del proyecto.

Por esta razón, la compañía ha adquirido un buen conocimiento de proveedores de materiales de confianza dentro de la zona del municipio de Toluca, mismos que ofrecen financiamiento en el suministro de los mismos a la empresa. De esta manera, una vez adjudicada la construcción, el Director de Obra considera innecesario realizar un plan de adquisiciones debido a que en esa área se tiene control sobre los insumos. En consecuencia, el procedimiento de adquisición de materias primas empleado en la organización, es el mismo en todos sus proyectos.

Asignación de Recursos Humanos, Organigrama y Estimado de Costos

Para estas tareas, al igual que en el caso anterior, la empresa cuenta con dos áreas bien definidas: la técnica y la administrativa. En cuanto al organigrama empleado, no existieron modificaciones al propuesto por la empresa inicialmente debido a que se ejecutan simultáneamente pocas obras, cuyos detalles fueron precisados en el primer caso (ver Capitulo 4). Por otra parte, el estimado de costos fue realizado durante la elaboración de la licitación pública, en donde se consideraron y actualizaron los costos de materiales, maquinaria y mano de obra para llevar a cabo el proyecto.

Ejecución

Puesta en marcha del proyecto

Para este caso, se tenía un anticipo del 30% del monto total del contrato antes de IVA ($289,605.89 de los $839,698.26 aprobados), el cual fue otorgado el día 22 de Abril de 2009, con un retraso de 28 días en relación a la fecha de firma del contrato (24 de Marzo de 2009). Por ley, la fecha de inicio fue el 22 de Abril, con una fecha programada de término al 5 de Julio de ese año. Afortunadamente, esta actividad no representó problema alguno, respetándose las fechas indicadas en todo momento.

Administración de concursos y de contratos y evaluación de alternativas

El proceso de adjudicación de este contrato fue parecido al ya explicado en el caso anterior, contando desde la elaboración de la propuesta con el análisis de alternativas y de los posibles subcontratos con proveedores para la ejecución. Aquí, durante la cotización de precios se aprovecharon algunas ofertas para abatir el costo final. Una vez adjudicado y firmado el contrato, nuevamente se evaluaron las alternativas de los proveedores, buscando una mejora en los costos de los materiales requeridos, sin descuidar su calidad.

Control

Control de calidad

En este aspecto, se puede afirmar que las similitudes entre el caso ahora descrito y el anterior son varias. Las pruebas de laboratorio de los materiales utilizados dentro de la obra, y las revisiones de los trabajos fueron ejecutados de acuerdo con las especificaciones y el procedimiento constructivo original, siendo supervisados por la *Dependencia A*.

De hecho, con base en la experiencia adquirida previamente, a diferencia del primero en este caso, tanto el Director como el Superintendente, tuvieron el cuidado de exigir a los trabajadores (maestro de obra, oficiales y ayudantes), la adecuada ejecución de los trabajos, revisando estos continuamente. En el ejercicio de supervisión, se procedió a la corrección inmediata de los trabajos mal ejecutados, en caso de existir irregularidades (ej: vibrado del concreto, armado del acero y corte de alambre en acabado de muros). Como resultado de lo descrito anteriormente, se obtuvo una mayor satisfacción del cliente (*Dependencia A*) y de los beneficiados (vecinos del lugar), con los trabajos ejecutados.

Monitoreo de riesgos

Como ya se mencionó, existió un plan de seguridad contra posibles riesgos en el lugar de los trabajos, siendo los principales aquellos provocados por el exceso de lluvias, y por la potencial caída de uno de los muros de mampostería. Como consecuencia de este análisis, se reitera que se autorizó la construcción de la obra de desvío fuera de la zona de trabajo. Iniciadas estas actividades, así como la reconstrucción de los muros de mampostería en las zonas socavadas, durante las primeras dos semanas de trabajo (del 22 de Abril al 2 de Mayo de 2009) se presentaron los siguientes sucesos:

1. Una vez realizada la excavación de la zanja y la colocación de la tubería de PEAD, se procedió con la demolición del muro de mampostería (margen derecho) que permitiría la conexión de la tubería con la bóveda existente, tal como se muestra en las imágenes de la Figura 5.8. Durante la demolición de estas estructuras, como medida para prevenir un posible colapso, no se realizaron trabajos de reposición del muro, protegiendo de esta forma a los trabajadores de la compañía.

   Una vez terminada la demolición de los 2 m lineales autorizados, la empresa informó a la *Dependencia A* que sería necesaria la demolición de al menos 0.50 m adicionales, debido a que, como puede observarse en la imagen inferior derecha de la Figura 5.8, no podía realizarse la conexión de la segunda tubería dentro del área previamente demolida por falta de espacio. Así mismo, se le mencionó al cliente que este muro se encontraba demasiado dañado y que al continuar con los trabajos de demolición se corría el riesgo de que colapsara en su totalidad por no tener el suficiente soporte para evitar su derrumbe. La *Dependencia A*, hasta ese momento, continuo con la indicación inicial de resguardar el muro existente.

Continuando con los trabajos de demolición, al inicio de las actividades, se procedió a retirar el material del lugar. Sin embargo, debido a la fragilidad que presentaba ese muro colapsó cubriendo sus escombros hasta una longitud de 10 m lineales del canal, como puede observarse en las imágenes de la Figura 5.9. Cabe mencionar que la compañía bajo estudio tuvo como prioridad resguardar la seguridad de sus empleados, dando la instrucción de que ningún trabajador se mantuviera cerca del área de maniobras una vez que se observó que el muro estaba por derrumbarse.

Figura 5.8 Demolición de muro de mampostería para la conexión de obra de desvío, Caso II (Fuente: Empresa bajo estudio - 2009)

Figura 5.8 Demolición de muro de mampostería para la conexión de obra de desvío, Caso II (Fuente: Empresa bajo estudio – 2009 — Continuación)

Figura 5.9 Colapso de muro de mampostería, Caso II
(Fuente: Empresa bajo estudio - 2009)

Una vez desplomado el muro, la compañía informó los acontecimientos a la *Dependencia A* y continuó con los trabajos de limpieza del lugar, y con la conexión de la obra de desvío a la bóveda existente. En la Figura 5.10 se muestran imágenes de la conexión realizada, así como del muro de contención a base de costalera rellena de arena colocada dentro de la bóveda para encausar el agua dentro de la tubería.

Figura 5.10 Conexión de obra de desvío dentro de bóveda existente, Caso II
(Fuente: Empresa bajo estudio -2009)

De igual forma, en las imágenes superiores, se observa como la tubería fue amarrada con cables a tensión mediante soportes anclados a la tierra, y se perciben también algunos costales ubicados debajo de la misma, cuyo objetivo era reforzar y proteger la tubería en caso de una lluvia extraordinaria.

2. Por otro lado, como parte de la presencia de lluvias matutinas a partir del 6 de Mayo de 2009, se presentó una avenida excesiva dentro de río Verdiguel. Consecuentemente, el tirante subió hasta alcanzar una altura de tres metros, lo que originó la pérdida del muro a base de costalera y el desacomodo y daño de la tubería de PEAD colocada al inicio de la obra de desvío. Nótese que, pese a que dicha tubería había sido previamente reforzada y sujetada como medida de

prevención, debido a la fuerza del agua, tuvo que ser inmovilizada por medio de la maquinaria de la empresa, para evitar su pérdida total. Una vez concluidas las lluvias, se ancló con varillas y alambre, mitigando la posibilidad de que sufriera más daños.

En la Figura 5.11 pueden observarse algunas imágenes de los acontecimientos descritos. Se trata de fotografías tomadas un día después de los eventos explicados, en las cuales puede apreciarse la marca que dejo el tirante producto de las lluvias. En la imagen izquierda se aprecia la pérdida total del muro de contención a base de costales, del refuerzo adicional, y el reacomodo de la tubería de PEAD. También se puede ver un muro de refuerzo adicional, instalado como medida para proteger el camino existente. En la imagen derecha, se aprecia la vista longitudinal del cauce del canal, donde se proyectó la construcción de los 30 m lineales de bóveda.

Figura 5.11 Tirante del agua por precipitaciones en la zona, Caso II
(Fuente: Empresa bajo estudio - 2009)

Una de las medidas preventivas tomadas por la empresa, dado que el muro de mampostería había colapsado, fue la construcción de un nuevo muro de refuerzo en la margen derecha del canal. En la Figura

5.12 se muestran imágenes de la apariencia de dicho muro de costalera, lo que efectivamente contribuyó a prevenir deslaves en el camino existente.

Figura 5.12 Construcción de refuerzo al camino existente con muro de costales, Caso II (Fuente: Empresa bajo estudio - 2009)

De nuevo, entre los trabajos de limpieza realizados después de las lluvias, se recuperó costalera, se rehabilitó, reacomodó y reforzó la tubería de PEAD, y se repuso el muro, como se observa en la Figura 5.13.

Figura 5.13 Lugar de los trabajos después de la lluvia, Caso II (Fuente: Empresa bajo estudio - 2009)

Figura 5.13 Lugar de los trabajos después de la lluvia, Caso II
(Fuente: Empresa bajo estudio – 2009 — Continuación)

En suma, la empresa tomo algunas medidas preventivas contra posibles lluvias que se pudieran presentar durante la construcción de la obra, entre las que destacan:

- Los trabajos de reforzamiento del camino, con el objeto de evitar el corrimiento (deslave) como consecuencia de un tirante excesivo del río, se construyó un muro a base de costales rellenos de arena al margen del camino (ver Figura 5.12),
- El aseguramiento de una tubería mayor a la colocada por primera vez, instalando ganchos de acero corrugado (3/8") que la abrazaban y sujetaban por medio de alambrón a un ancla fijada en el camino lateral existente. Además, con el propósito de evitar nuevamente el flotamiento de la tubería, se construyó una estructura a base de madera que fue puesta al inicio de la obra de desvío, dentro de la bóveda existente, colocándola a presión sobre la tubería. Dicha estructura puede observarse en la imagen izquierda de la Figura 5.11.
- La colocación de un muro de costalera dentro de la bóveda existente, para obligar a el agua a que entrara en la tubería de la obra de desvío, como se muestra en la Figura 5.14.

Figura 5.14 Reconstrucción de muro de costalera dentro de la bóveda existente, Caso II (Fuente: Empresa bajo estudio - 2009)

- La modificación del procedimiento constructivo, para evitar los problemas que habían causado las lluvias en el proyecto previo en virtud de que la temporada húmeda estaba por iniciar. En esencia, se realizaron los siguientes ajustes:

1. Incrementar a casi el doble la fuerza de trabajo, con la intención de formar cuadrillas especializadas para cada labor pendiente, agilizando de esta forma la construcción de la obra,
2. Acelerar los trabajos de excavación, mediante el remplazo de una máquina retroexcavadora por una excavadora cuya mayor capacidad disminuyó de 11 días a 3 días el tiempo de ejecución. Asimismo, la maquina se aprovechó para realizar los trabajos de construcción de la plantilla de piedra de 30 cm de espesor, según las especificaciones de proyecto (ver Figura 5.15).

Figura 5.15 Excavación del canal por medio de máquina excavadora, Caso II
(Fuente: Empresa bajo estudio - 2009)

3. Modificar el método de construcción, colando simultáneamente la losa del piso de 30 cm de espesor, y los muros laterales hasta una altura total de 70 cm medidos a partir del lecho superior de la losa. Esto fue con la finalidad de que se tuviera un pequeño canal, a través del cual circularía el agua, permitiendo que los trabajadores no tuvieran la necesidad de colocar los armados para los muros en un ambiente húmedo. En la Figura 5.16 se muestran imágenes de la losa y muros colados en su primera etapa, con el colado total del muro del margen izquierdo, y el inicio del colado en su altura total en la parte donde existía la socavación.

Figura 5.16 Colado de losa y muro, Caso II
(Fuente: Empresa bajo estudio - 2009)

Además, en la figura anterior se puede observar que para el colado total del muro en la parte con socavación, la obra de desvío fue retirada por completo, por lo que el agua producto de las lluvias se dejo correr dentro de una sección "U" recién construida. Sin embargo, como se puede apreciar en ambas imágenes, el cauce era superior al que normalmente circulaba por este río, debido al inicio de la época de lluvias en la zona, por lo que el personal de la empresa encargado de realizar los trabajos de armado y habilitado del acero y de la cimbra, tuvo que laborar dentro de la bóveda en condiciones de humedad.

Cabe mencionar que, debido a la presencia del cauce, se construyeron puntales especiales para la cimbra, mismos que eran asegurados desde el muro recién colado al otro extremo del canal (ver la Figura 5.16). Además, se optó por colar en el turno matutino para que estos puntales fueran retirados antes de terminar la jornada laboral, momento en el que normalmente se presentaban las lluvias de la época. Desafortunadamente, este procedimiento requirió que la cimbra se instalara con uno o dos días de anticipación, lo que expuso tanto a la madera como al acero de refuerzo a la presencia del agua, situación que generó trabajos adicionales como: reacomodo y enderezamiento de cimbra, retiro de basura dentro del área a colar, enderezamiento del acero habilitado y limpieza del área a cimbrar.

En la Figura 5.17 se aprecia una imagen del acero armado para el muro después de una lluvia, en donde fue necesario llevar a cabo los trabajos de enderezamiento de varillas y de retiro de basura.

Figura 5.17 Sección "U" en construcción después de una lluvia, Caso II (Fuente: Empresa bajo estudio - 2009)

Seguimiento del programa y seguimiento del presupuesto

Con base en la experiencia del Director General y del Superintendente de Obra en la construcción de proyectos anteriores, se revisaron de manera periódica las actividades a realizar durante el periodo de ejecución de los trabajos (según lo descrito en el primer proyecto). Adicionalmente, en este segundo caso se añadió a la revisión un cierre quincenal de las cantidades ejecutadas y por ejecutar. Con estas revisiones se encontró, por ejemplo, que las sumas contratadas en la mayoría de cada una de las actividades del proyecto estaban sobreestimadas, por lo que el costo total de la obra sería inferior al programado.

En lo que se refiere a la detección de retrasos de actividades, la empresa solo tuvo problemas al inicio del proyecto ya que, a causa de los cambios previamente autorizados, la construcción de la obra de desvió requirió más tiempo de lo previsto inicialmente. Una vez terminada, los trabajos fueron ejecutados con más rapidez de lo contemplado, lo que permitió nivelar los plazos programados para las actividades, e incluso concluirlas antes del tiempo estimado. Derivado de este desempeño, la *Dependencia A* autorizó los trabajos excedentes sin convenios adicionales por monto, para la construcción de la obra de desvío referida.

Por otra parte, en lo que concierne a la elaboración de estimaciones y pagos de las mismas, debido a que el plazo de ejecución de los trabajos fue relativamente corto, la empresa decidió realizar solo dos estimaciones. La primera de ellas representó el cobro del 80.33% ($775,745.83) y la segunda del restante 16.96% ($163,786.08) del importe total contratado $965,653.00 ($839,697.93 + IVA), quedando un saldo a favor de la *Dependencia A* del 2.71 % ($26,169.20).

En cuanto al tiempo de pago de las estimaciones, en la primera se tardaron 2 meses, mientras que la última se presentó un retraso en el pago de casi 9 meses, debido al cambio de administración y falta de recursos para dar liquidez a los trabajos realizados.

Control de recursos humanos y juntas semanales de obra

Debido a que la empresa no ha presentado problemas significativos en estas áreas, se puede decir que se adoptaron las acciones descritas para el caso anterior, aplicando técnicas empíricas que han dado resultados hasta la fecha.

Elaboración de minutas y bitácora de obra

De la misma forma que para los recursos humanos y el control de obra, tanto la elaboración de minutas de campo como el registro de la bitácora de obra, no presentaron problemas durante su elaboración, generándose siempre oportunamente.

Cierre

Reporte final, finiquito, carpetas "as-built" y acta entrega-recepción

Debido a que el proyecto fue solicitado por el mismo organismo que en el caso antes descrito, existieron muchas similitudes en el proceso de reporte final, carpetas "as-built" y acta entrega-recepción. En los que nuevamente, para dar por finalizada la obra, fueron entregados los documentos que a continuación se enlistan:

- Aviso de término de obra,
- Estimación de finiquito,
- Concentrado de estimaciones,
- Reporte fotográfico,
- Planos finales ("as-built"), y
- Fianza de vicios ocultos.

A diferencia del primer caso, y con base en la experiencia adquirida en el mismo, la empresa ahora no presentó retrasos durante el procedimiento de conciliación de generadores. Además, como ya se había adelantado, se realizó un total de dos estimaciones, donde la última de ellas representaba la "estimación finiquito del proyecto".

Lo antes expuesto contribuyó a agilizar no sólo la recepción de los trabajos en el lugar, sino también la firma del acta entrega-recepción de la obra, sucesos realizados el 31 de Julio de 2009 (58 días después del aviso de terminación total del proyecto). Así, al acto de entrega-recepción de los trabajos, asistieron representantes de la Contraloría de la *Dependencia A*, representantes de los vecinos del lugar, el Supervisor y el Superintendente de Obra, quienes conjuntamente verificaron el resultado entregado a la *Dependencia A*, mismo que fue aprobado en el momento. Acto seguido, procedieron a la firma del acta entrega-recepción de esta obra. Con esto, se da por terminada la descripción del segundo caso, y se procede al siguiente capítulo, donde se presentará el análisis y la discusión de los resultados obtenidos.

5.3. Análisis de resultados de la empresa

5.3.1 Evaluación cualitativa de la aplicación de herramientas administrativas

Tomando nuevamente como referencia los criterios de éxito de todo proyecto (**costo, tiempo**, **calidad** y **satisfacción del usuario**), se iniciará el análisis por medio de la curva de costos programados y costos reales. En la Figura 5.18 se muestran ambos, obtenidos a partir del programa de erogaciones definido durante la etapa de planeación.

En dicha figura se puede observar que, a lo largo del plazo de ejecución, el monto planeado siempre fue ligeramente superior al real. Esto se debió a que, previo al proceso de licitación de la obra, se tuvo una sobreestimación en las cantidades a ejecutar por porte de la *Dependencia A*.

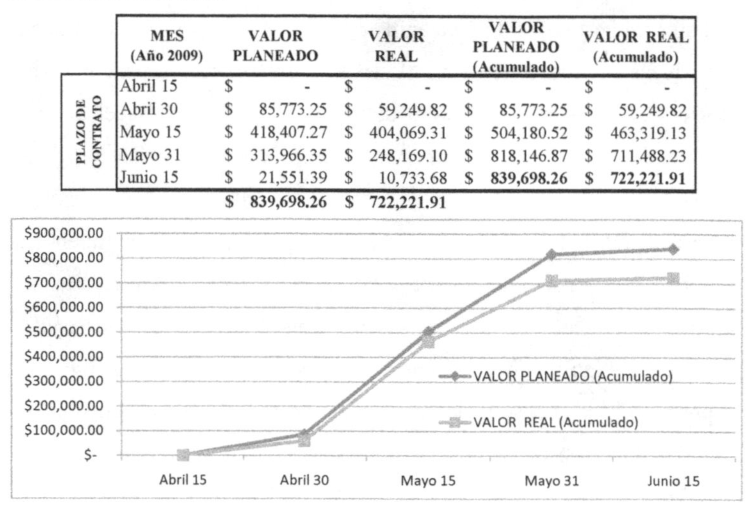

	MES (Año 2009)	VALOR PLANEADO	VALOR REAL	VALOR PLANEADO (Acumulado)	VALOR REAL (Acumulado)
PLAZO DE CONTRATO	Abril 15	$ -	$ -	$ -	$ -
	Abril 30	$ 85,773.25	$ 59,249.82	$ 85,773.25	$ 59,249.82
	Mayo 15	$ 418,407.27	$ 404,069.31	$ 504,180.52	$ 463,319.13
	Mayo 31	$ 313,966.35	$ 248,169.10	$ 818,146.87	$ 711,488.23
	Junio 15	$ 21,551.39	$ 10,733.68	**$ 839,698.26**	**$ 722,221.91**
		$ 839,698.26	**$ 722,221.91**		

Figura 5.18 Curva de valor planeado y valor real, Caso II (Elaboración propia)

Como consecuencia de esta sobreestimación, se pudieron contemplar dentro del proyecto conceptos fuera de catálogo (CFC), mismos que resultaron necesarios para la ejecución satisfactoria de la obra (ver detalles más adelante). La Figura 5.19 muestra la gráfica donde se representan las curvas de valor real y planeado. Notar que ahora se han incluido los CFC en el primer valor.

Observando ambas figuras, se puede apreciar como las cantidades de los conceptos a ejecutar en el proyecto sufrieron un decremento en su estimación, dejando disponible la cantidad de [$839,698.26 - $722,221.91] = $117,476.35 (13.99% del importe contratado) en el primer caso (ver Figura 3.15), lo que permitió la autorización de CFC sin el trámite de convenios adicionales. En contraste, al considerar los CFC solo se logró un saldo a favor de la dependencia por [$839,698.26 - $816,984.27] = $22,713.99 (2.71% del importe contratado-ver Figura 5.19). En realidad, al final del proyecto, este último escenario fue el que prevaleció, lo que indica que se tuvo un ahorro del 2.71% en total.

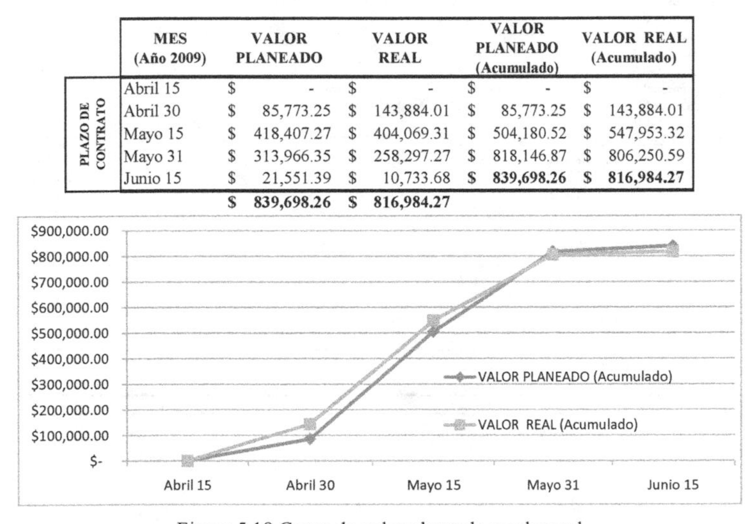

	MES (Año 2009)	VALOR PLANEADO	VALOR REAL	VALOR PLANEADO (Acumulado)	VALOR REAL (Acumulado)
PLAZO DE CONTRATO	Abril 15	$ -	$ -	$ -	$ -
	Abril 30	$ 85,773.25	$ 143,884.01	$ 85,773.25	$ 143,884.01
	Mayo 15	$ 418,407.27	$ 404,069.31	$ 504,180.52	$ 547,953.32
	Mayo 31	$ 313,966.35	$ 258,297.27	$ 818,146.87	$ 806,250.59
	Junio 15	$ 21,551.39	$ 10,733.68	**$ 839,698.26**	**$ 816,984.27**
		$ 839,698.26	**$ 816,984.27**		

Figura 5.19 Curva de valor planeado y valor real
(Con conceptos fuera de catálogo), Caso II (Elaboración propia)

Al igual que en el caso de estudio anterior, con el objeto de poder identificar aquellas actividades que fueron excedidas en el presupuesto autorizado, en la Figura 5.20 se muestra la curva de valores planeados y valores reales por actividad. Además de que el costo total de la obra fue inferior al planeado, debe hacerse notar que este proyecto fue concluido tres días antes de la fecha programada de término (en lugar del 5 de Abril de 2009, se concluyó el día 2).

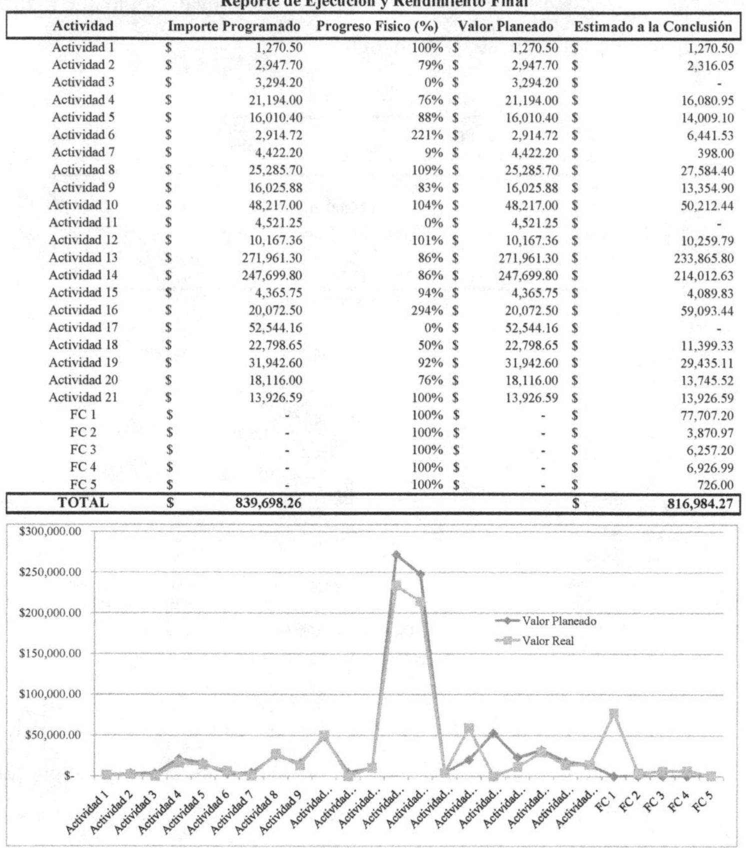

Reporte de Ejecución y Rendimiento Final

Actividad	Importe Programado	Progreso Fisico (%)	Valor Planeado	Estimado a la Conclusión
Actividad 1	$ 1,270.50	100%	$ 1,270.50	$ 1,270.50
Actividad 2	$ 2,947.70	79%	$ 2,947.70	$ 2,316.05
Actividad 3	$ 3,294.20	0%	$ 3,294.20	$ -
Actividad 4	$ 21,194.00	76%	$ 21,194.00	$ 16,080.95
Actividad 5	$ 16,010.40	88%	$ 16,010.40	$ 14,009.10
Actividad 6	$ 2,914.72	221%	$ 2,914.72	$ 6,441.53
Actividad 7	$ 4,422.20	9%	$ 4,422.20	$ 398.00
Actividad 8	$ 25,285.70	109%	$ 25,285.70	$ 27,584.40
Actividad 9	$ 16,025.88	83%	$ 16,025.88	$ 13,354.90
Actividad 10	$ 48,217.00	104%	$ 48,217.00	$ 50,212.44
Actividad 11	$ 4,521.25	0%	$ 4,521.25	$ -
Actividad 12	$ 10,167.36	101%	$ 10,167.36	$ 10,259.79
Actividad 13	$ 271,961.30	86%	$ 271,961.30	$ 233,865.80
Actividad 14	$ 247,699.80	86%	$ 247,699.80	$ 214,012.63
Actividad 15	$ 4,365.75	94%	$ 4,365.75	$ 4,089.83
Actividad 16	$ 20,072.50	294%	$ 20,072.50	$ 59,093.44
Actividad 17	$ 52,544.16	0%	$ 52,544.16	$ -
Actividad 18	$ 22,798.65	50%	$ 22,798.65	$ 11,399.33
Actividad 19	$ 31,942.60	92%	$ 31,942.60	$ 29,435.11
Actividad 20	$ 18,116.00	76%	$ 18,116.00	$ 13,745.52
Actividad 21	$ 13,926.59	100%	$ 13,926.59	$ 13,926.59
FC 1	$ -	100%	$ -	$ 77,707.20
FC 2	$ -	100%	$ -	$ 3,870.97
FC 3	$ -	100%	$ -	$ 6,257.20
FC 4	$ -	100%	$ -	$ 6,926.99
FC 5	$ -	100%	$ -	$ 726.00
TOTAL	**$ 839,698.26**			**$ 816,984.27**

Figura 5.20 Curva de valor planeado y valor real por actividad Caso II
FC: Fuera de Catálogo (Elaboración propia)

Como puede apreciarse, las actividades programadas que sufrieron un decremento notable en sus cantidades ejecutadas fueron 8, correspondientes a las actividades: (3) "trabajos de instalación eléctrica para señalamiento", (4) "excavación en canal por medios mecánicos", (7) "demolición de concreto en bóveda existente", (11) "cimbra con acabado común en cimentación", (13) "concreto premezclado bombeable f'c=250 kg/cm^2", (14) "acero de refuerzo f'y=4,200 kg/cm^2 de ½" de diámetro", (17) "colocación de tubería propiedad del contratista de PEAD de 24" de diámetro para obra de desvío" y (18) "firme de concreto ciclópeo de 30 cm de espesor para renivelación de plantilla en zona de descarga de la estructura tipo U", respectivamente.

Al aislar estas actividades, se observa que los conceptos 3, 7 y 11 no fueron ejecutados (ver Figura 5.21), y los porcentajes de decremento entre el valor real y el contratado van desde un 14% (Actividades 13 y 14) hasta un 99% (Actividad 17).

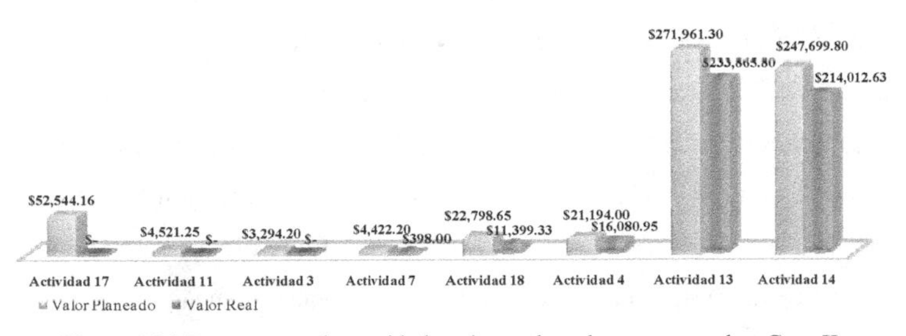

Figura 5.21 Decremento de cantidades ejecutadas a las programadas, Caso II (Elaboración propia)

Además, se presentaron conceptos fuera de catálogo, que no fueron previstos durante la planeación del proyecto. Entre ellos, los más sobresalientes se muestran en la Figura 5.22, y corresponden a la realización de trabajos de (FC1) "construcción de obra de desvío a base de tubería de PEAD de 24" de diámetro en dos líneas", (FC3) "limpieza de canal, retiro de basura, retiro de lodo, enderezado de varillas y cimbra puesta en obra, producto de lluvia e inundación del lugar de los trabajos" y (FC4) "excavación de terreno natural de zanja para alojar y recuperar obra de desvío de la tubería de PEAD". Cabe resaltar que el FC1 es el que tuvo el mayor impacto de los tres.

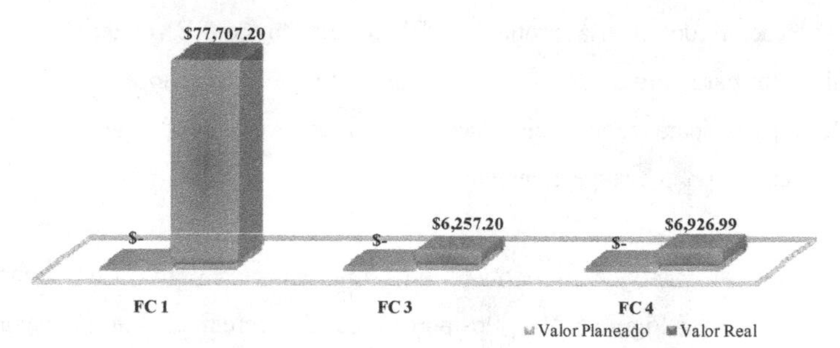

Figura 5.22 Conceptos fuera de catálogo con importe ejecutado alto, Caso II (Elaboración propia)

De manera similar que en el primer caso de estudio, en este proyecto existieron algunas actividades que generaron sobrecostos, como: (6) "la demolición de muros y plantilla de piedra braza", (8) "el relleno en zona socavada a base de piedra de banco", (10) "la cimbra de madera, acabado común en muros" y (16) "la obra de desvió para construcción de estructura tupo "U" a base de costales rellenos de arena". En la Figura 5.23 se aprecia la gráfica de barras donde se ejemplifican el valor planeado y el real en cada una de las actividades mencionadas. A pesar de que las cuatro presentan un sobrecosto considerable durante la ejecución real, solo las actividades 6 y 16 incrementaron su porcentaje de ejecución por arriba de un 200% (221% y 294%, respectivamente).

En cuanto a la actividad 6, la demolición del muro de mampostería existente (de 2 × 1.90 × 0.90 m) para el anclaje de la obra de desvío a base de tubería, no estaba contemplada, lo cual provocó el excedente en las cantidades proyectadas. De igual forma, para la actividad 16 sólo se habían proyectado sacos para su colocación dentro del canal, y el colapso del muro de mampostería de 10 m de longitud en el área socavada del canal existente, generó la necesidad de construir un muro a base de costales en la zona, como medida de protección para evitar el corrimiento de la socavación en el camino existente. Aunado a lo anterior, se tuvo la pérdida de sacos explicada en el capítulo anterior, debida a la lluvia excesiva.

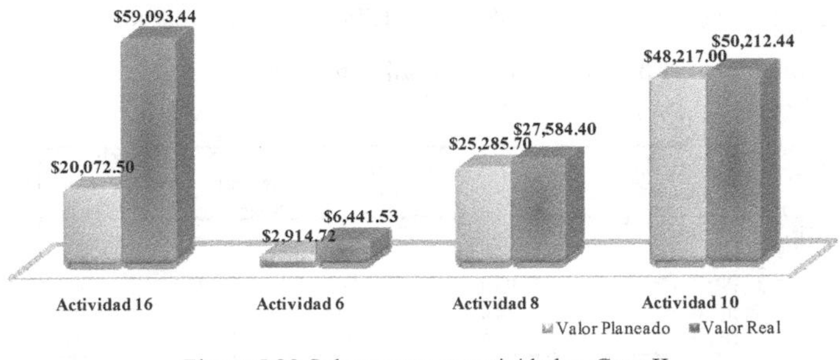

Figura 5.23 Sobrecostos en actividades, Caso II
(Elaboración propia)

Por otra parte, habiendo registrado la base de datos relativos al suministro de materiales del proyecto, se analizaron los materiales más utilizados en la obra, que resultaron ser el acero f'y = 4200 kg/cm^2 de ½", el concreto premezclado f'c = 150 kg/cm^2 y el concreto premezclado bombeable f'c = 250 kg/cm^2. A diferencia del primer caso, para este proyecto el Superintendente registró en una bitácora las cantidades y fechas de compra de estos materiales, anexando una copia de la nota de la empresa que se encargó de su suministro, facilitando de esta manera la búsqueda y cuantificación de los materiales. Pese a ello, nuevamente existieron problemas en la base de datos que clasifica los materiales por obra, generando imprecisiones para el cálculo real de los volúmenes empleados.

Para tener una idea de las variaciones registradas en el acero de f'y = 4200 kg/cm^2, en las Figuras 5.24 y 5.25 se muestran dos curvas, la primera corresponde a las cantidades y la segunda a los costos relativos a su suministro para este proyecto.

Se observa que tanto en la curva de cantidades como en la de costos existió una variación final (saldo a favor de la *Dependencia A*) de un 25 % (3 Ton) para el primer caso, y un 42.24 % ($ 53,217.36) para el segundo, llegando a un ahorro adicional de un 17.25 % ($ 21,735.00), debido a que existió una disminución en el precio de este material al momento de su compra.

PLAZO DE CONTRATO	MES (Año 2009)	CANTIDAD PLANEADA	CANTIDAD REAL	CANTIDAD PLANEADA (Acumulado)	CANTIDAD REAL (Acumulado)
	Abril 15	0.00	0.00	0.00	0.00
	Abril 30	1.80	8.00	1.80	8.00
	Mayo 15	9.00	1.00	10.80	9.00
	Mayo 31	1.20	0.00	12.00	9.00
	Junio 15	0.00	0.00	12.00	9.00

Figura 5.24 Curva de cantidad real y planeada de acero en toneladas, Caso II (Elaboración propia)

PLAZO DE CONTRATO	MES (Año 2009)	VALOR PLANEADO	VALOR REAL	VALOR PLANEADO (Acumulado)	VALOR REAL (Acumulado)
	Abril 15	$ -	$ -	$ -	$ -
	Abril 30	$ 18,900.00	$ 64,695.68	$ 18,900.00	$ 64,695.68
	Mayo 15	$ 94,500.00	$ 8,086.96	$ 113,400.00	$ 72,782.64
	Mayo 31	$ 12,600.00	$ -	$ 126,000.00	$ 72,782.64
	Junio 15	$ -	$ -	$ 126,000.00	$ 72,782.64

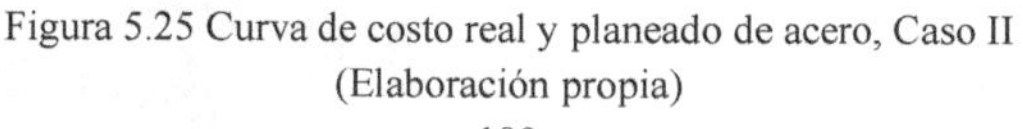

Figura 5.25 Curva de costo real y planeado de acero, Caso II (Elaboración propia)

Un análisis similar se realizó tanto para el concreto premezclado de f'c=150 kg/cm^2, como para el de f'c=250 kg/cm^2, observándose un comportamiento similar. En la Tabla 5.2 se resumen los resultados obtenidos.

Tabla 5.2 Resumen de variaciones en las cantidades y costos de tres materiales, Caso II (Elaboración propia)

Material	Cantidad Planeada	Cantidad Real	% Variación Cantidad	Variación en Cantidad	Costo Planeado	Costo Real	% Variacion Costo	Variación en Costo
Acero (Ton)	12.00	9.00	25.00%	3.00	$ 126,000.00	$ 72,782.64	42.24%	$ 53,217.36
Concreto de 150 kg/cm2 (m3)	5.79	5.40	6.74%	0.39	$ 6,352.50	$ 4,968.00	21.79%	$ 1,384.50
Concreto de 250 kg/cm2 (m3)	136.50	118.00	13.55%	18.50	$ 169,669.50	$ 108,560.00	36.02%	$ 61,109.50

En cuanto al concreto premezclado de f'c = 150 kg/cm^2, el cual se aplicó en la parte superior del muro del canal con una altura promedio de 15 cm (previendo su fácil demolición futura y la sencilla instalación del anclaje de acero de refuerzo para la construcción de losa en bóveda), se observó un comportamiento similar al del acero. Así, tanto las cantidades como los montos ejecutados fueron inferiores a los programados en el proyecto, con reducciones de 6.74% (0.39 m^3) y 21.79% ($ 1,384.50) respectivamente. Nótese que a pesar de que el monto del ahorro generado por este concepto no es significativo en comparación con el monto total de los trabajos, es significativo en cuanto a los porcentajes generados.

En lo que se refiere al concreto premezclado bombeable de f'c = 250 kg/cm^2, se obtuvo una variación positiva, repitiendo así el patrón descrito en el acero de refuerzo y en el concreto premezclado de 150 kg/cm^2. El material se uso para la construcción de losa inferior (piso) y de muros, obteniéndose un ahorro de un 36.02 % ($ 61,109.50).

Por otra parte, haciendo un análisis para los gastos de mano de obra, se encontró que al igual que en el primer caso, la empresa contaba con un archivo de nóminas, además de que la administración del personal se realizó de acuerdo a lo que establece la Ley. En la Figura 5.26 se muestra el comportamiento de las curvas de costos planeados y reales para este concepto.

Notar que el resultado obtenido es similar al expuesto anteriormente en el suministro de materiales, en donde el valor real ejecutado se encontró un 12.84 % ($ 19,576.79) por debajo de lo programado.

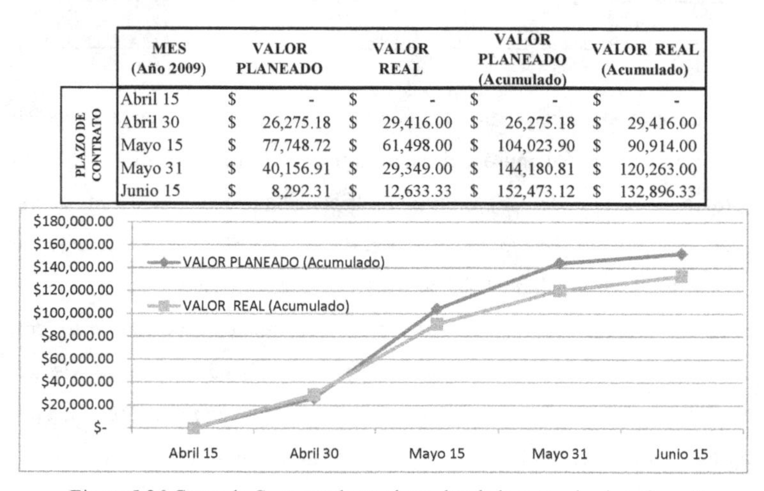

	MES (Año 2009)	VALOR PLANEADO	VALOR REAL	VALOR PLANEADO (Acumulado)	VALOR REAL (Acumulado)
PLAZO DE CONTRATO	Abril 15	$ -	$ -	$ -	$ -
	Abril 30	$ 26,275.18	$ 29,416.00	$ 26,275.18	$ 29,416.00
	Mayo 15	$ 77,748.72	$ 61,498.00	$ 104,023.90	$ 90,914.00
	Mayo 31	$ 40,156.91	$ 29,349.00	$ 144,180.81	$ 120,263.00
	Junio 15	$ 8,292.31	$ 12,633.33	$ 152,473.12	$ 132,896.33

Figura 5.26 Curva de Costos reales y planeados de la mano de obra, Caso II (Elaboración propia)

Finalmente se muestra una gráfica en la Figura 5.27, que representa los costos programados, costos reales y los pagos realizados por la *Dependencia A*. Recordando lo que se planteó al inicio del análisis del caso, se tuvo un ahorro final de 2.71 %, equivalente a $ 22,713.99.

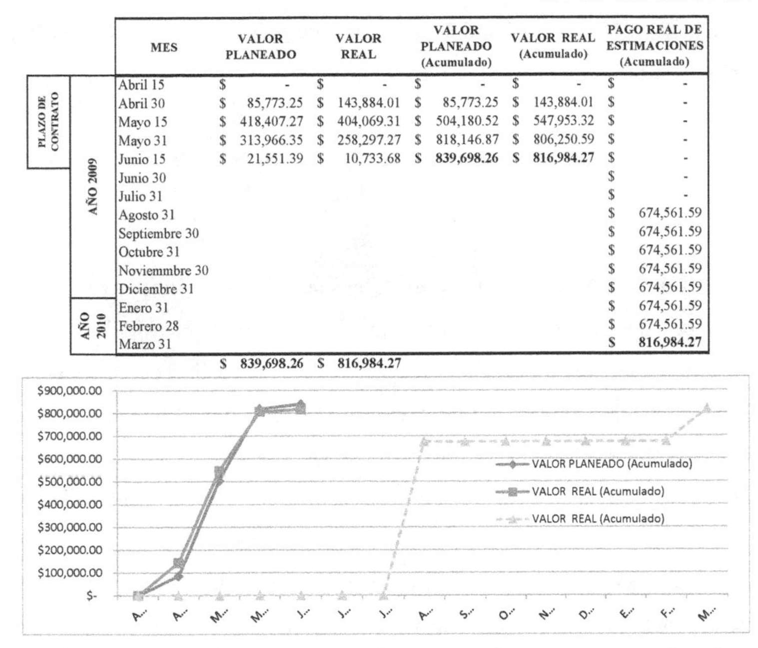

		MES	VALOR PLANEADO	VALOR REAL	VALOR PLANEADO (Acumulado)	VALOR REAL (Acumulado)	PAGO REAL DE ESTIMACIONES (Acumulado)
PLAZO DE CONTRATO	AÑO 2009	Abril 15	$ -	$ -	$ -	$ -	$ -
		Abril 30	$ 85,773.25	$ 143,884.01	$ 85,773.25	$ 143,884.01	$ -
		Mayo 15	$ 418,407.27	$ 404,069.31	$ 504,180.52	$ 547,953.32	$ -
		Mayo 31	$ 313,966.35	$ 258,297.27	$ 818,146.87	$ 806,250.59	$ -
		Junio 15	$ 21,551.39	$ 10,733.68	**$ 839,698.26**	**$ 816,984.27**	$ -
		Junio 30					$ -
		Julio 31					$ -
		Agosto 31					$ 674,561.59
		Septiembre 30					$ 674,561.59
		Octubre 31					$ 674,561.59
		Noviemmbre 30					$ 674,561.59
		Diciembre 31					$ 674,561.59
	AÑO 2010	Enero 31					$ 674,561.59
		Febrero 28					$ 674,561.59
		Marzo 31					**$ 816,984.27**
			$ 839,698.26	**$ 816,984.27**			

Figura 5.27 Curva de costos programados, costos reales y pagos en general en el proyecto, Caso II (Elaboración propia)

Sin embargo, para el cobro de los trabajos realizados fue necesario elaborar dos estimaciones, ambas ingresadas 20 días después del término del plazo de ejecución de la obra (24 de Junio de 2009). En la primera, se cubrió el 82.85% del monto total ejecutado y fue pagada en un plazo de dos meses después de su ingreso (4 meses después del inicio de la obra). En contraste, la segunda estimación representó el 17.15% restante, y fue pagada en un plazo de nueve meses después de su ingreso (11 meses después del inicio de los trabajos).

Es importante hacer notar que, a pesar de que la *Dependencia A* retrasó el pago total de los trabajos por nueve meses, la empresa bajo estudio también tardó dos meses en ingresar sus estimaciones, financiando un 70 % del monto de la obra. Esto fue debido a que sólo existió un anticipo del 30% del monto total contratado.

5.3.2 Evaluación cuantitativa de la aplicación de herramientas administrativas

Una vez analizados el plazo de ejecución y los costos del segundo proyecto, para examinar el desempeño en las distintas etapas del proyecto (inicio, planeación, ejecución, control y cierre), se realizó una evaluación similar a la descrita para el primer caso (ver Capítulo 4). En ella, se aplicó nuevamente el instrumento desarrollado por Grant et al. (2006). Por facilidad de lectura, aquí se repite brevemente la metodología empleada.

Los enunciados aplicados pueden verse en las tablas 4.3, 4.4, 4.5, 4.6 y 4.7 dentro del análisis del primer caso, en las que se incorporaron dos columnas, una correspondiente al nivel de uso o práctica durante el proyecto de los enunciados propuestos; y la otra correspondiente a la importancia que debería tener cada uno de ellos. Para ambos se empleó una escala de Likert, con los siguientes valores: 0-No sabe, 1-Muy bajo, 2-Bajo, 3-Medio, 4-Alto y 5-Muy alto.

El mecanismo antes descrito fue aplicado al personal administrativo de la empresa, tomando como referencia los sucesos del segundo caso en estudio. Es importante recordar, que el personal administrativo y técnico que operó dentro de la organización durante su plazo de ejecución fue de siete personas (1- Director de Obra, 2- Superintendentes de Obra, 1- Encargado de Compras, 1- Administrador de Empresas, 1- Contador y 1- Secretaria), de las cuales solo los primeros cuatro continuaban laborando en la compañía al momento de aplicar la encuesta. De nuevo, en virtud de que se podía acceder fácilmente a dichos trabajadores, no se requirió el empleo de cálculos estadísticos para determinar el tamaño de la muestra.

Una vez aplicado el instrumento, se reunieron los datos y se generó una gráfica de barras para cada uno de los enunciados descritos, mostrando en primera instancia el promedio de los resultados de la práctica actual reportada por los cuatro participantes, seguida del nivel de importancia correspondiente.

Inicio

La Figura 5.28 muestra los valores obtenidos para el análisis de la etapa de inicio, en donde, al igual que en el caso anterior, se consideraron tres enunciados. Los resultados muestran que los tres tienen diferencias entre su nivel de importancia y su nivel de práctica actual[23]. Cabe resaltar que dos de ellos, el enunciado (2) *"los objetivos y alcances del proyecto se conocen por el personal de la empresa"* y el (16) *"con base en el presupuesto inicial, se realiza un plan de gastos (programa de erogaciones) mensual, quincenal o semanal"*, presentaron diferencias de 2.25 (importancia percibida – práctica actual = 4.5 – 2.25), y 0.75 (4.75 – 4), mientras que el enunciado (28) *"se realiza un presupuesto con base en los requerimientos del cliente"* sólo registro una diferencia de 0.25.

[23] En virtud del tamaño limitado de la muestra, no se pudo determinar si las diferencias eran estadísticamente significativas, y solo se reportan aquí las diferencias aritméticas de las medias obtenidas.

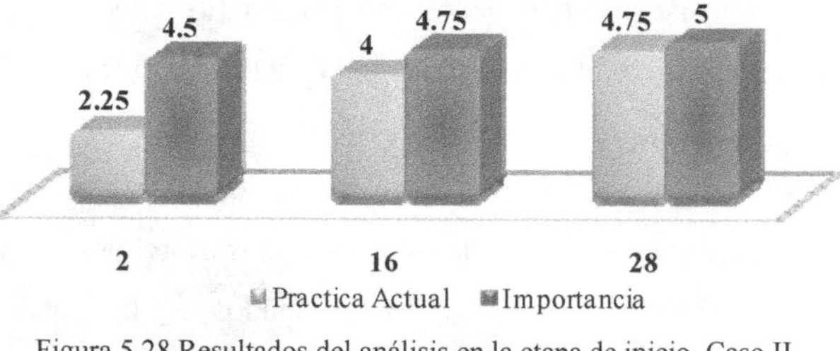

Figura 5.28 Resultados del análisis en la etapa de inicio, Caso II
(Elaboración propia)

Se puede observar que el comportamiento presentado en esta estapa es muy similar al del Caso I. Sin embargo, el personal de la empresa manifestó que para este proyecto, el enunciado con mayor fluctuación estaba relacionado con los objetivos y alcances, y el conocimiento que de ellos tenía el personal de la empresa. Al investigar la causa de este comportamiento, se encontró que en la práctica, ni los objetivos ni los alcances de esta obra fueron del dominio del personal que no estuvo directamente involucrado en ella, por lo que el resultado no es sorpresivo.

En este tenor de ideas, también se investigó que el hecho de que no se haya implementado un esquema para informar al personal de la compañía sobre los objetivos y alcances de cada proyecto, no ha derivado en problemas significativos. Esto se debe a que los empleados que se encuentran a cargo de un proyecto determinado (Superintendente y Director de Obra), los conocen cabalmente incluso antes de dar inicio con los trabajos.

Referente al uso de un programa de erogaciones, dos de los encuestados manifestaron que para este caso, se implementó uno al inicio y otro durante la ejecución de los trabajos. No obstante, los dos encuestados restantes desconocian la situación, por lo que el promedio de uso resultó medio.
Finalmente, se puede recomendar nuevamente a la empresa que continue con el empleo del programa de erogaciones como herramienta para planear

y controlar sus proyectos futuros, y que siga dando a conocer tanto los alcances como los objetivos de los proyectos a los miembros del equipo ejecutor directamente implicados, desde el inicio de los trabajos.

Planeación

Un análisis similar se realizó para las etapas restantes (Planeación, Ejecución, Control y Cierre), en la Tabla 5.3 se resumen los resultados obtenidos, en donde se exponen aquellos enunciados que presentaron una mayor divergencia entre su nivel de importancia y el de práctica. Notar que se han seleccionado arbitrariamente estos enunciados, y no se ha establecido un criterio específico para incluirlos en dicha tabla.

Tomando en cuenta todos los planteamientos (incluso los no incluidos en la Tabla 5.3), se encontró que en la etapa de planeación, se tuvo un rango para la práctica actual que oscilaba entre el 1.50 y el 4.25, es decir de un nivel muy bajo a alto; mientras que para la importancia el rango fue de 4.50 a 5.00, lo que representa niveles muy altos.

A pesar de que el nivel de práctica mejoró ligeramente con respecto al caso anterior, se aprecian niveles bajos de uso para las actividades: (37) *"existe una capacitación constante del personal con base en las necesidades de la empresa o debilidades del trabajador"* y la (1) *"es realizada una evaluación de los posibles riesgos para la ejecución de la obra"*, seguida de los enunciados (todos con el mismo nivel de diferencia): (6), (8) y (13) descritos en la Tabla 5.3.

Tabla 5.3 Resumen de resultados del análisis aplicado en las etapas de planeación, ejecución, control y cierre, Caso II (Elaboración propia)

Etapa	No.	Enunciado	Rango Promedio: Practica Actual	Rango Promedio: Importancia	Divergencia entre Practica Actual e Importancia
PLANEACIÓN	37	Existe una capacitación constante del personal con base en las necesidades de la empresa o debilidades del trabajador	1.50	5.00	**3.50**
PLANEACIÓN	1	Es realizada una evaluación de los posibles riesgos para la ejecución de la obra	2.50	4.75	**2.25**
PLANEACIÓN	6	Con base en el programa de actividades realizado, se traza una ruta critica donde se marquen las actividades de mayor importancia a realizar durante el periodo de ejecución del proyecto	2.50	4.50	**2.00**
PLANEACIÓN	8	Se realiza un plan de seguridad contra los posibles riesgos que conlleve el desarrollo de los trabajos	3.00	5.00	**2.00**
PLANEACIÓN	13	Los proyectos inician normalmente sin problemas y en la fecha programada	2.75	4.75	**2.00**
EJECUCIÓN	3	Las modificaciones y autorizaciones correspondientes a cambios de proyecto (ej.: conceptos fuera de catálogo y volúmenes adicionales) se autorizan por el cliente rápidamente	2.00	5.00	**3.00**
EJECUCIÓN	17	Se llevan a cabo juntas con el equipo de proyecto periodicamente	2.75	4.50	**1.75**
EJECUCIÓN	31	Existe un monitoreo de los posibles riesgos y se da solución rápida a los que se presentan durante la ejecución de los trabajos	3.75	4.75	**1.00**
CONTROL	15	Existen controles claros para verificar que el proyecto avanza adecuadamente, así como son aplicados periodicamente	3.75	4.75	**1.00**
CONTROL	27	La calidad de los trabajos realizados por el personal es alta	4.00	5.00	**1.00**
CIERRE	12	Se realiza un reporte final de lecciones aprendidas para la empresa, así como se cierra adecuadamente la carpeta de documentos relacionados con la obra	2.50	5.00	**2.50**
CIERRE	36	Generalmente los proyectos se concluyen sin observaciones de los trabajos por parte del cliente	4.25	5.00	**0.75**

Es importante resaltar que el enunciado con mayor divergencia para este caso es el mismo que para el primero, en donde se observa que la capacitación del personal no es un área que sea practicada sistemáticamente por la empresa bajo estudio. Por otra parte en lo que respecta a la realización de evaluaciones de los posibles riesgos en la obra, la compañía argumentó que esta fue realizada solo por dos de los entrevistados, por lo que el resultado obtenido en este análisis parece indicar que no se ejecuta.

En lo que respecta a la realización de un plan de seguridad contra posibles riesgos, asi como al hecho de iniciar los proyectos sin problemas y conforme a lo programado, los involucrados en la ejecución de la obra manifestaron que no tuvierón problemas en estos aspectos. Además, sostuvieron que el uso del programa de obra fue continuo, y que se monitoreó durante todo el proyeto, lo que derivó en la pronta culminación de los trabajos, que se concluyeron antes de lo originalmente programados.

Con base en estos resultados, se ratifica la recomendación hecha para el Caso I, que en esencia se refiere a la implementación de un programa de entrenamiento para su personal técnico y administrativo, y al empleo de herramientas como la ruta crítica para el monitoreo de actividades y entrega oportuna de resultados.

Ejecución

Continuando con el análisis de resultados de la fase de ejecución, se encontró que para la práctica actual el nivel fluctuó entre 2.00 y 4.50, lo que representa niveles bajos y muy altos respectivamente. En contraste, para la importancia percibida se obtuvieron valores entre 4.50 y 5.00, ambos muy altos. Además los enunciados que presentaron una mayor diferencia entre estos dos rubros, en orden descendente, fueron: (3) *"las modificaciones y autorizaciones correspondientes a cambios en el proyecto (ej: conceptos fuera de catálogo, y volúmenes adicionales) se autorizan por el cliente rápidamente"*, (17) *"se llevaron a cabo juntas con el equipo de proyecto periódicamente"*, y (31) *"existe un monitoreo de los posibles riesgos y se da solución rápida a los que se presentan durante la ejecución de los trabajos"*.

En este proyecto, se encontraron grandes similitudes con lo ya reportado para el Caso I en cuanto al enunciado (3), en el que llegó a ser evidente que la empresa asumía el riesgo de realizar trabajos adicionales a los contratados, y absorber los gastos asociados. Como ejemplo, se puede mencionar el trabajo correspondiente a la demolición de muros de mampostería, necesario para el anclaje de la obra de desvío.

En cuanto a la realización de juntas semanales de obra, debido a que, como ya se ha descrito, la empresa no ha presentado problemas significativos en este rubro, solo se puede recomendar que se mantenga la constante comunicación entre el Director de Obra y el personal técnico y administrativo, para soluciónar rapidamente los problemas. Ahora, revisando los párrafos anteriores, se puede recomendar a la compañía que considere la posibilidad de agilizar el trámite de autorización de cambios del proyecto cuando estos sean necesarios, además de cuidar la calidad de sus trabajos de principio a fin. En esencia, debe recordarse que la apariencia y calidad de los resultados finales, son la carta de presentación de la firma. Además, se sugiere tomar medidas para la agilización de las conciliaciones y cantidades ejecutadas, y la elaboración de estimaciones para acelerar los cobros en la obra.

En materia de comunicación, se recomienda implementar la realización de juntas periódicas con todo el equipo de trabajo, donde se entreguen avances y aclaren dudas o situaciones, con la intención de que todo el equipo de proyecto esté enterado del estatus del mismo. Ahora bien, en caso de que se realicen proyectos de mayor magnitud, el establecimiento de un sistema de comunicación será fundamental para garantizar que la toma de decisiones se dé oportunamente.

Como ya se había hecho para el caso anterior, en cuanto a las modificaciones y autorizaciones de cambios del proyecto, se recomienda nuevamente a la empresa que considere la posibilidad de agilizar el trámite de autorización de cambios de la obra cuando estos sean necesarios.

Además, sería benéfico agilizar el proceso para la elaboración e ingreso de estimaciónes y así acelerar los cobros de la obra.

Control

En lo concerniente a la etapa de control, tal como se muestra en la Tabla 5.3, los enunciados (15) *"existen controles claros para verificar que el proyecto avanza adecuadamente, asi como son aplicados periódicamente"* y (27) *"la calidad de los trabajos realizados por el personal es alta"*, son aquellos que presentan mayores variaciones entre su nivel de práctica actual e importancia percibida, ambos con una divergencia de 1.00.

Notese que para este caso, en la práctica actual el rango de valores fue de 3.75 hasta 4.75 puntos, es decir de un nivel alto a muy alto. Por otra parte, la variación en el nivel de importancia fluctúo entre un 4.75 a 5.00, es decir, lo que se ha considerado como un rango muy alto. A pesar de que para esta etapa el nivel de práctica es alto, los enunciados mencionados en el parrafo anterior son aquellos que presentaron una mayor discrepancia (15) y (27), por lo que se invita a la compañía a tomar acciones en esos sentidos.

Para el enunciado (15), tal como se manifestó en la etapa de inicio, la organización adoptó el empleo del programa de erogaciones como herramienta para planear y controlar el proyecto. No obstante, su actualización implica cálculos manuales, por lo que se sugiere a la empresa que considere la compra de algún programa computacional que pueda sistematizar esta actividad (ej: MS project, y Neodata).

Por otra parte, el enunciado (27), relativo a la calidad de los trabajos realizados, al igual que en el primer caso, nuevamente se encontró entre aquellas actividades con mayor divergencia, aunque para este proyecto la empresa reportó que la ejecución fue revisada constantemente. Pese a que no existieron trabajos que tuviesen observaciónes al final de la obra por parte del contratante, algunos tuvieron que ser mejorados. Por ejemplo, los muros de concreto no presentaron problemas durante el procedimiento constructivo; no obstante, una vez descimbrados algunos de sus agregados eran visibles, por lo que tuvieron que realizarse trabajos para arreglar esas imperfecciones.

Sin embargo, es importante aclarar que la empresa realizó los trabajos con la calidad y especificaciones de proyecto, siendo el caso de los muros aislado. Así, se vuelve a sugerir que la compañía mantenga una revisión permanente de los trabajos ejecutados, y si es el caso, que tome las medidas inmediatas de corrección requeridas, con el objeto de cumplir con las expectativas del cliente.

Cierre

Finalmente, los resultados del análisis para la etapa de cierre, presentan una variación de un 2.50 a 5.00 para la práctica actual, mientras que para su nivel de importancia todas las actividades tienen un valor de 5.00, es decir de una cota baja a muy alta para el primer análisis y un rango muy alto para el segundo. La Tabla 3.7 (ya presentada) muestra que los enunciados con variaciones más sobresalientes son: (12) *"se realiza un reporte final de lecciones aprendidas para la empresa, así como se cierra adecuadamente la carpeta de documentos relacionados a la obra"*, y (36) *"generalmente los proyectos se concluyen sin observaciones de los trabajos por parte del cliente"*.

En el primer enunciado, al igual que en el caso anterior, se encontró que aún cuando la empresa lleva a cabo el cierre de los trabajos realizados, entregando normalmente los planos "as built", el concentrado de estimaciones, la fianza de vicios ocultos, así como un reporte fotográfico, no se documentan las lecciones aprendidas. Tampoco se ha sistematizado la elaboración de un balance que muestre las ganancias o pérdidas generadas en la ejecución de la obra, lo cual se considera importante para determinar que tan rentable resultó el proyecto, y para utilizar las experiencias adquiridas en la elaboración de futuras obras.

Por el contrario, en la segunda actividad con mayor divergencia, en esta etapa no se encontraron observaciónes que pudiesen ser mencionadas. Esto se debió a que se tuvo el cuidado de realizar los trabajos conforme a lo indicado por la *Dependencia A*, corrigiendo inmediatamente las desviaciones encontradas.

Como ya fue mencionado en las recomendaciones para esta etapa en el caso anterior, se exhorta a la empresa de nueva cuenta a que realice un reporte de lecciones aprendidas, en el que se narren las dificultades que se presentaron durante la ejecución del proyecto, y las medidas de solución adoptadas para resolverlas. Además de este informe, se recomienda generar una carpeta que permanezca disponible para todo el personal de la empresa, y que sea revisada periodicamente y/o al inicio de cada uno de sus proyectos para que, de esta forma, se evite la repetición de dichos problemas, errores o dificultades. La carpeta se puede tener almacenada en medios electrónicos para facilitar su consulta. Por último, se reitera la sugerencia de realizar un balance de ganancias o pérdidas, para ajustar futuros presupuestos.

5.4. Discusión de resultados

5.4.1 Reporte del uso de herramientas: enfoques cuantitativo y cualitativo

En virtud de que para el segundo caso, descrito en el capítulo 4, se han presentado los resultados cuantitativos obtenidos como parte de la investigación, ahora se procederá a reportar el uso de herramientas desde el punto de vista cualitativo.

Enfoque cualitativo

Partiendo del reporte de uso de herramientas indicado en la Tabla 5.1, se encontró que a pesar de que para la ejecución de este proyecto la empresa no adoptó material alguno que le ayudaran a obtener una mejora en cada una de sus etapas (principalmente en la de planeación), con base en la experiencia de la ejecución del Caso I, se tomó la iniciativa de hacer una mejora en esas fases. Esencialmente, se realizaron planes de seguridad contra posibles riesgos, y otros para la ejecución de los trabajos. Esto se tradujo en una mejoría en los resultados finales de la obra, tal como se detalló en la descripción del proyecto.

Sin embargo, a pesar de haber perfeccionado el desarrollo del proyecto, también se halló que la planeación no exime de los riesgos presentes en el lugar (ej: climatológicos y accidentes laborales), pero contribuye a disminuir posibles pérdidas. En este caso, la planeación jugó un rol muy importante, debido a que tanto en el cambio de proyecto en la obra de desvió, como en la disminución del tiempo de ejecución, y en el diseño de una sección U con la construcción parcial de muros, se logró que los trabajos realizados no fueran destruidos por el cauce del agua. Además, los días no laborados disminuyeron debido a que se podía trabajar con presencia de agua en el canal (dado que se laboró en áreas diferentes al lecho del río, como por ejemplo en el armado de muros), y las pérdidas de los materiales fueron mínimas. Así, se observa que la experiencia adquirida en proyectos similares por el personal de la empresa, jugó un papel relevante para mejorar los resultados finales de la obra.

En términos de costo, la disminución de los importes ejercidos se debió a que, como ya ha sido señalado, el proyecto se sobre cuantificó por parte de la *Dependencia A*, lo que permitió que los trabajos adicionales no superaran el monto contratado.

Aunque en el reporte de herramientas empleadas en la etapa de ejecución no se percibió una mejora, el personal de la empresa manifestó que el control de insumos, la cuantificación de los trabajos realizados, el seguimiento del presupuesto, el control de calidad final de los trabajos y el monitoreo de riesgos fueron tomados en cuenta durante la ejecución del proyecto, lo que se tradujo en una mayor satisfacción del cliente.

En cuanto al análisis realizado, y una vez descritos los resultados particulares de la compañía dentro del Capítulo 4 (ver Tabla 4.9), se reportó que la etapa de planeación ocupa el segundo lugar en divergencias en cuanto a su nivel de media de uso, ocupando el primer puesto en la etapa de control.

De esta forma, se puede ver en la Tabla 5.4, que tanto en la empresa como en los resultados del análisis presentan la media de uso de herramientas menor en la etapa de control, y la mayor en la etapa de cierre; difiriendo en el segundo y tercer lugar con las etapas de planeación y ejecución, y viceversa, para la empresa y el análisis respectivamente.

Tabla 5.4 Orden de divergencia en nivel de uso de las herramientas en la empresa y análisis (Elaboración propia)

Lugar de Divergencia de mayor a menor	Empresa	Análisis
1°	Control	Control
2°	Planeación	Ejecución
3°	Ejecución	Planeación
4°	Cierre	Cierre

No obstante, debido a que los resultados de la organización representan el comportamiento general de la misma, se encuentra discrepancia de los resultados particulares en los casos ya descritos.

En términos de costo, la disminución del mismo se debió a que, como ya fue mencionado, el proyecto se sobre cuantificó por parte de la *Dependencia A*, lo que permitió que los trabajos adicionales no superaran el importe contratado.

Aunque en el reporte de herramientas empleadas en la etapa de ejecución no tuvo una mejora, el personal de la empresa manifestó que el control de insumos de material, cuantificación de trabajos realizados, seguimiento de presupuesto, control de calidad final de los trabajos y monitoreo de riesgos fueron detalles que se tomaron en cuenta durante la ejecución del proyecto, lo que se tradujo en una mayor satisfacción del cliente.

En cuanto al análisis realizado y descritos los resultados particulares de la compañía dentro del Capítulo 4 (ver tabla 4.9), se reportó que la etapa de planeación ocupa el segundo lugar en divergencias en su nivel de media de uso al del análisis general, ocupando el primer puesto la etapa de control.

5.4.2 Reporte del uso de FCEs: enfoques cuantitativo y cualitativo

De la misma forma que en el apartado anterior, los enfoques cuantitativo y cualitativo del uso de los FCEs fue ya descrito dentro del Capitulo 4 (ver sección 4.5.1), en donde se reportó que los factores con mayor divergencia en su nivel de uso a su nivel de importancia, considerada en cada una de las secciones analizadas, son las que se enuncian dentro de la Tabla 5.5 que se muestra enseguida.

Tabla 5.5 Factores con mayor divergencia de su nivel de uso a su nivel de importancia considerada en cada una de las secciones analizadas (Elaboración propia)

Grupo	Factor con mayor divergencia del nivel de uso al nivel de importancia
Seguimiento	Capacidad para definir a tiempo el diseño y las especificaciones del proyecto
Competencia Administrativa del Gerente	Disponibilidad de fondos
Participación del Cliente	Interes del cliente en el proyecto
Integración del Equipo Ejecutor	Seguridad laboral del equipo encargado del proyecto

Como ya fue descrito dentro del primer caso (ver sección 4.5.2) revisando el grupo que presentó una mayor divergencia entre la media de uso de la empresa al del análisis, siendo este el de "seguimiento", se encontró que los factores: "*empleo de reportes detallados de avance*", "*asignación realista de duraciones a las actividades de proyecto*" y la "*capacidad para definir a tiempo el diseño y las especificaciones del proyecto*", son los que presentaron una mayor discrepancia en su uso por la empresa, en comparación con la media del estudio (ver Tabla 4.13).

A diferencia de los resultados generales del proyecto anterior, para el Caso II, la compañía empleó la experiencia en el tema y mejoró las actividades de reportes de avance de obra, además de tener un especial cuidado en el tiempo de ejecución de las actividades del proyecto. Esto permitió terminar antes del tiempo previsto incluyendo los trabajos no considerados inicialmente.

En lo que respecta a la capacidad de definir a tiempo el diseño y las especificaciones del proyecto, como fue descrito al inicio del capítulo, se reportó que el diseño de la obra de desvío no se tenía bien definida, lo que provocó un retraso en su construcción. Consecuentemente, se dilató el inicio del proyecto, siendo esta actividad la que presentó mayores problemas en este segundo caso, coincidiendo así con los resultados de la media de uso del análisis de las 60 empresas descrito anteriormente. Debido a que se encontraron mejorías en esta obra dada la experiencia de la primera, se recomienda a la compañía que adopte algunas técnicas que le ayuden a encontrar mejoras generales en estos aspectos en sus proyectos futuros.

5.5 Resumen

El desarrollo del presente caso de estudio ha mostrado como la adopción de herramientas de una manera relativamente simple, puede ofrecer una mejora en los resultados finales de un proyecto. Por ejemplo, la empresa manifestó la realización de una visita al lugar de los trabajos con el personal técnico que se encargaría de la ejecución de la misma, en donde se planeó el procedimiento constructivo a realizar, considerando los posibles riesgos presentes en el lugar, traduciéndose esto en cambios en el procedimiento constructivo de algunos conceptos, que al término de la ejecución, se tradujeron en un término anticipado y mayor satisfacción del cliente.

No hay que olvidar también, que actividades como: el control de calidad final de los trabajos, el seguimiento de programa de obra, las juntas semanales de obra, y el reporte de lecciones aprendidas, son algunos de los factores reportados a los que se debe prestar mayor atención por parte de la empresa, con el objetivo de incrementar las posibilidades de obtener buenos resultados finales en proyectos futuros.

CONCLUSIONES

Con base en las evidencias presentadas a lo largo del documento, se concluye que las modificaciones hechas recientemente a la legislación nacional (ej: reglamentos y normas de construcción), ha motivado que las empresas del sector pongan mayor énfasis en su desempeño y capacitación en materia de las herramientas administrativas. Con estos cambios, se espera observar mejoras en su competitividad, y que a la vez cuiden la calidad de sus productos, demostrando que poseen experiencia y que son eficaces en el desarrollo de sus proyectos.

Asi mismo, los resultados encontrados están en línea con las investigaciones de diversos autores extranjeros, que señalan que la aplicación de la AP se puede traducir en avances para las empresas que las utilizan. En este sentido, las prácticas actuales en el Estado de México revelan que la toma de decisiones por parte de los administradores se basa de forma importante en la intuición, y no necesariamente en las recomendaciones teóricas documentadas en la bibliografía.

En paralelo, se detectó una falta de información en general sobre el tema dentro del contexto mexiquense, ya que gran parte de los datos consultados provenían de investigaciones realizadas en el extranjero, por lo que se cree firmemente que el material aquí presentado contribuye a llenar este vacio en la literatura. De igual forma, se encontró que las empresas participantes canalizan una proporción importante de sus esfuerzos en la solución de sus problemas cotidianos, y generalmente no cuentan con una visión estratégica que les permita planear el uso de las herramientas de la AP en la práctica.

Aunado a lo anterior, a pesar de que las organizaciones encuestadas reconocieron la importancia del uso de las técnicas, no las aplican en la misma medida. Más aun, se reportaron algunos obstaculos comúnes que impiden el uso sistemático de las herramientas, entre los que destacan la falta de: tiempo, experiencia e interés. Otro factor relevante aquí fue la falta de apoyo por parte de la alta directiva.

En lo que respecta a los factores críticos para contar con una buena AP, los participantes en el estudio reconocieron que los más importantes son la competencia administrativa del gerente y la integración del equipo ejecutor, seguidas tanto de la capacitación como el principal factor para conocer más sobre la AP, como de las actualizaciones, y el uso de guías y metodologías.

En materia de los impactos percibidos por los practicantes de la AP, se observó que en general su uso se traducía en: incremento en la eficiencia y productividad, mejor desempeño financiero y mejor toma de decisiones. Aunque no se llevó a cabo una cuantificación de estas bondades, el presente estudio puede servir como referencia para profundizar en el futuro más en el tema.

Con respecto a los casos de estudio realizados en la empresa analizada, se dio seguimiento a dos proyectos que en su momento representaron un reto, dado que no estaban incluidos en sus especialidades. Pese a ello, después de concluir las dos obras reportadas, a la fecha de escritura de estas líneas, la organización ha desarrollado adicionalmente otras cuatro obras similares, por lo que se puede afirmar que la construcción de bóvedas ya forma parte de sus áreas de especialización.

Durante el proceso de investigación, se identificó que la organización aplicaba implícitamente algunas herramientas en el primer proyecto, aunque sin un control real de su utilización en los trabajos realizados. En contraste, durante el segundo proyecto se aplicaron algunas herramientas de manera sistemática, lo que se tradujo en un mejor desempeño financiero y en una reducción de los tiempos de entrega. Esto se pudo deber al hecho de que la compañía ya contaba con cierta experiencia en la elaboración de bóvedas sanitarias, pero también se considera que la aplicación de dichas herramientas jugó un papel importante en las mejoras observadas.

Consecuentemente, se puede concluir que la teoría de la AP puede ayudar a las compañías a administrar y aprovechar de forma eficaz los recursos destinados a los proyectos, brindando mayor calidad al cliente, reduciendo costos y controlando riesgos durante su vida.

Los resultados de la encuesta mostraron algunos beneficios resultantes de la aplicación de las herramientas de la AP. No obstante, la empresa analizada no las ponía en práctica cotidianamente, situación que puede ser similar en organizaciones que comparten sus características. Por ello, es necesario crear una cultura dentro de las compañías, en particular las dedicadas a la construcción, para fomentar su empleo y uso adecuado con el objeto de mejorar su desempeño.

Por último, se espera que este libro sea benéfico para las compañías en el sector que desean eficientar sus procesos y resultados, y que motive la realización de estudios posteriores en el área.

REFERENCIAS BIBLIOGRÁFICAS

Alpha Consultoría, (2010), Alpha Consultoría, (Disponible en: http://www.alpha-consultoria.com.mx)

Amendola, J.L., (2004), Estrategias y técnicas en la dirección y gestión de proyectos, Project Management, Editorial de la Universidad Politécnica de Valencia, Valencia

BANXICO, (2009), Banco de México, (Disponible en: http://www.cmicjalisco.org/docst09/INPPenedic2009.pdf)

Black, S.A., and Porter, L. J., (1996), Identification of the Critical Factors of TQM, Decision Sciences, Vol. 27 No. 1, pp. 1-21

Brah, S.A., Tee, S.S.L., and Rao, B., (2002), Relationship between TQM and Performance of Singapore Companies, International Journal of Quality & Reliability Management, Vol. 19 No. 4, pp. 356-379

Bunk, G.P., (1994), La transmisión de las competencias en la formación y perfeccionamiento profesionales de la RFA, Revista Europea de Formación Profesional, Vol. 1, pp. 8-14

Burns, A.C. and Bush, R.F., (2001), Marketing Research, Prentice Hall, US

Campbell, B., (2002), If TRIZ is such a good idea, why isn't everyone using it?, TRIZ Journal online, (Disponible en: http://www.triz-journal.com)

Chamoun, Y., (2002), Administración Profesional de Proyectos: La Guía, IAN Editores, México

Cleland, D.I., and King, W.R., (2007), Manual para la Administración de Proyectos, CECSA, México

Córdoba, P.M., (2006), Formulación y Evaluación de Proyectos, Ecoe Ediciones, Bogotá, Colombia

Covey, S., Merril, A.R., and Merrill, R.R., (1999), First Things First, Franklin Covey, UK

Dale, B., (2003), Managing Quality, 4th Edition, Blackwell Publishing, UK

De Cos, M., y Trueba, I., (1990), Definición del proyecto de ingeniería, VI Congreso Nacional de Proyectos de Ingeniería, Almargo, Servicio de Publicaciones, Valencia, España

Delgado, H.D., and Aspinwall, E.M., (2005), Improvement Methods in the UK Construction Industry, Construction Management and Economics, Vol. 23 No. 9, pp. 965-977

Delgado, H.D., (2006), A framework for building quality into construction projects, Ph D Thesis, School of Engineering, The University of Birmingham, UK

Delgado, H.D., and Aspinwall, E.M., (2007), Improvement Methods in UK and Mexican Construction Industries: A Comparison, Quality and Reliability Engineering International, Vol. 23 No.1, pp. 59-70

Delgado, H.D., Bampton, C.E., and Aspinwall, E., (2007b), Quality Function Deployment in Construction, Construction Management and Economics, Vol. 25 No. 7, pp. 597 – 609

Delgado, H.D., (2008), Planeación, ejecución y control de proyectos en la industria de la construcción: un caso práctico en México, Revista IDEAS, Facultad de Ingeniería, Universidad Autónoma del Estado México, No. 30, pp. 53-61

Delgado, H.D., Lara, P.F., y Vázquez, P.E., (2010), El Aprendizaje Organizacional en el Sector Privado: el Caso de México, Memorias del Primer Congreso Internacional de Investigación en Negocios y Ciencias Administrativas, Universidad Veracruzana, Veracruz, Veracruz, México, 14-15 Octubre

Delgado, H.D. y Medina, J., (2010), Práctica de la Gestión de Proyectos en la Industria de la Construcción: Un Caso en el Estado de México (Parte I), Revista IDEAS, Facultad de Ingeniería, Universidad Autónoma del Estado México, No. 34, pp. 72-81

Díaz, M.A., (2007), El arte de dirigir proyectos, 2da Edición, Alfaomega, México

Diaz-Murillo, M., (1993), A Strategy for the Implementation of Quality Function Deployment in the Design-Construction Industry, PhD Thesis, Texas A&M University, US

Furtrell, D., (1994), Ten Reasons Why Surveys Fail, Quality Progress, April, pp. 65 – 69

Gido J., y Clements, J.P., (2007), Administración exitosa de proyectos, 3ª Edición, Thomson

Gobierno del Estado de México, (2003), Reglamento del Libro XII del Código Administrativo del Estado de México, Gobierno del Estado de México, Toluca, Estado de México

Google Earth, (2009), Google Earth, US Dept of State Geographer

Grant, K.P., Chasman, W.M., y Christensen, D.S., (2006), Delivering Projects on Time, Research and Technology Management, Vol. 49 No. 6, pp. 52-58

Hernández, R.S., (2007), Introducción a la Administración, 4ta Edición, Mc Graw Hill, México

INEGI, (2004), Instituto Federal Electoral, (Disponible en: http://www.inegi.org.mx/est/contenidos/espanol/metodologias/censos/metodo_construccion.pdf)

INEGI, (2011), Instituto Federal Electoral, (Disponible en: http://gaia.inegi.org.mx/denue/viewer.html#)

Klastorin, T., (2005), Administración de Proyectos, Alfaomega, México

Levene, H., (1960), Robust Test for Equality of Variances, in Contributions to Probability and Statistics, I. Olkin, Editor, Stanford University Press, US

Merrit, F.S., Loftin, M.K., y Ricketts, J.T., (1996), Manual del Ingeniero Civil, 4ta Edición, Mc Graw Hill, México

Montana, P. J., (2006), Administración, CECSA, México

Oakland, J., and Marosszeky, M., (2006), Total Quality in the Construction Supply Chain, Blutterworth-Heinemann, Elsevier, UK

Palacio, J., (2006), Origen de la Gestión de Proyectos, (Disponible en: http//:www.navegapolis.net)

Pellicer, A.E., Sanz, B.A., y Catala, A.J., (2004), El proceso proyecto- construcción. Aplicación a la Ingeniería Civil, Universidad Politécnica de Valencia, España

Pereña, B., y Gelinier, O., (1996), Dirección y Gestión de Proyectos, 2da edición, Ediciones Díaz de Santos, España

PMI, (2002), A guide to the Project Management Body Knowledge, Project Management Institute, US

RAE, (2011), Diccionario de la Real Academia de la Lengua Española, (Disponible en: http://www.rae.es/rae.html)

Regalado, H.R., (2007), Las MiPyMES en Latinoamérica, Organización Latinoamericana de Administración, Porto Alegre, Río de Janeiro, Goiania, Brasil

Rockart, J.F., (1979), Chief executives define their own data needs, Harvard Business Review, Vol. 57 No. 2, pp. 81-93

Romero, A.L., (2010), Satisfacción de las Necesidades del Cliente en la Industria de la Construcción: el Caso del Sector Vivienda en el Valle de Toluca, Tesis de Licenciatura, Facultad de Ingeniería, Universidad Autónoma del Estado de México

Saraph, J.V., Benson, P.G. and Schroeder, R.G., (1989), An Instrument for Measuring the Critical Factors of Quality Management, Decision Sciences, Vol. 20 No. 4, pp. 810-829

Sidney, M.L., (2002), Administración de Proyectos de Construcción, 3ra Edición, Mc Graw Hill, México

SIEM, (2011a), Sistema de Información Empresarial Mexicano, Secretaría de Economía, México, (Disponible en:

http:www.siem.gob.mx/siem2008/estadísticas/estadotamano.asp?tam=4&p =1)

SIEM, (2011b), Sistema de Información Empresarial Mexicano, Secretaría de Economía, México, (Disponible en: http://www.siem.gob.mx/siem2008/operaciones2008/acuerdoestratificacion .asp)

Suárez S.C., (2009), Administración de empresas constructoras, 2da Edición, Limusa, México

Vargas, I., (2011), 3 Opciones para capacitar a tu Pyme, CNN expansión, (Disponible en: http://www.cnnexpansion.com/mi-carrera/2011/01/19/pymes-3-opciones-para capacitarte)

Vera, N.F., (2010), Importancia del cambio en la ley federal de obras públicas y servicios relacionados con las mismas, Ingenieando, Revista del Colegio de Ingenieros Civiles del Estado de México, No. 57, pp. 34-35

Wong, K.Y., (2005), Critical Success Factors for Implementing Knowledge Management in Small and Medium Enterprises, Industrial Management & Data Systems, Vol. 105 No. 3, pp. 261-279

Yusof, S.M., and Aspinwall, E.M., (2000), Critical Success Factors in Small and Medium Enterprises: Survey Results, Total Quality Management, Vol. 11 Nos. 4/5 & 6, pp. S448-S462

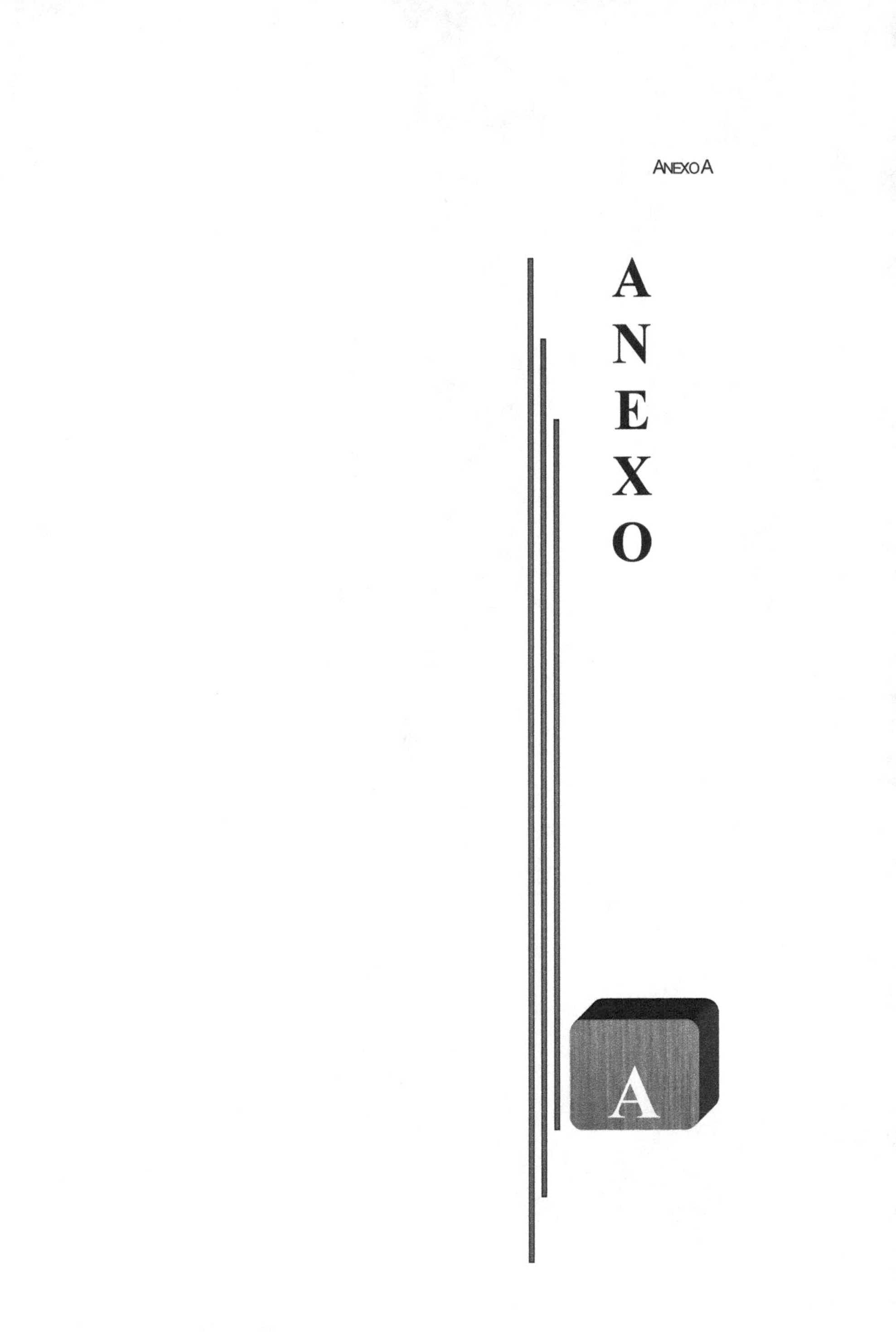
A
N
E
X
O
A

ANEXO A

DIAGNÓSTICO DE LAS PRÁCTICAS DE ADMINISTRACIÓN DE OBRA EN EMPRESAS CONSTRUCTORAS OPERANDO EN EL ESTADO DE MÉXICO

INTRODUCCIÓN E INSTRUCCIONES

Con la finalidad de conocer las prácticas de administración de obra en las constructoras operando en el Estado de México, se realiza la presente investigación. Es importante resaltar que toda la información que se brinde será confidencial. Si usted tiene alguna pregunta relacionada con el estudio, no dude en contactar al Dr. David Joaquín Delgado Hernández (david.delgado@fi.uaemex.mx, Tel. 01 (722) 214-08-55 Ext. 1101). De antemano agradecemos su participación ya que de ella depende el éxito del trabajo.

I. INFORMACIÓN GENERAL DE LA EMPRESA

1. Nombre de la Compañía

____

2. Tamaño de la empresa (número de empleados):

	1-10 (Micro)		11-50 (Pequeña)		51-250 (Mediana)		>250 (Grande)

3. Giro de la empresa:

	Industrial		Infraestructura		Comercial		Residencial (vivienda)

	Otro (especificar):	

4. En que partes de procesos de construcción se especializa

	Diseño
	Construcción
	Mantenimiento
	Otro (especificar):

5. Edad de la empresa

	Menos de 1 año		De 1 a 5 años		De 6 a 10 años		Más de 10 años

6. ¿Cuántos años de experiencia tiene la empresa en administración de obra?

	Menos de 1 año		De 1 a 5 años		De 6 a 10 años		Más de 10 años

7. Datos adicionales importantes sobre la empresa:

____

II. HERRAMIENTAS DE ADMINISTRACIÓN DE OBRA

1. **¿Cuáles son las herramientas que ha utilizado la empresa dentro de la administración en general?** *(Califique de acuerdo a la frecuencia de uso según el número)*

0 = NO APLICA **1 = MUY BAJO(A)** **2 = BAJO(A)**
3 = MODERADO(A) **4 = ALTO(A)** **5 = MUY ALTO(A)**

ANEXO A

USO	HERRAMIENTAS	IMPORTANCIA
	PLANEACIÓN	
	Plan de proyecto	
	Organigrama	
	Calendario de eventos	
	Programa de abastecimientos	
	Programa del proyecto	
	Estimados de costos	
	Programa de erogaciones	
	EJECUCIÓN	
	Administración de concursos	
	Administración de contratos	
	Requisiciones de pago	
	Evaluación de alternativas	
	CONTROL	
	Control del programa	
	Control presupuestal	
	Estatus Semanal	
	Sistema de control de cambios	
	CIERRE	
	Reporte final	
	Cierre técnico-administrativo	
	Cierre contractual	

2. ¿Cuáles son los problemas que ha enfrentado la empresa, con respecto a la aplicación práctica de las herramientas de administración?

	No se conocen		Falta de recursos financieros para aplicarlas
	Se ignoran sus beneficios		Falta de experiencia
	Falta de interés por aplicarlas		Exceso de Información
	Falta de tiempo para aprenderlas		Falta de apoyo por parte de la alta directiva
	Otras (especifique):		

3. ¿Cuáles son los factores que pueden ayudar a la empresa a conocer más acerca de la administración de la obra?

	Recursos financieros y de tiempo		Asesorías de expertos
	Disponibilidad de tecnología		Uso de guías y metodologías
	Actualizaciones		Capacitación
	Otras (Especifique)		

III. FACTORES CRÍTICOS DE ÉXITO

Exprese su nivel de acuerdo con cada uno de los siguientes Factores Críticos de Éxito (FCE), para la aplicación de los conceptos de la administración de obra.

1= MUY EN DESACUERDO 2= EN DESACUERDO 3= NEUTRAL 4= DE ACUERDO 5= MUY DE ACUERDO

NIVEL DE ACUERDO (Uso)					FACTORES CRÍTICOS DE ÉXITO	NIVEL DE ACUERDO (Importancia)				
1	2	3	4	5	1. Empleo de reportes generales de avance	1	2	3	4	5
1	2	3	4	5	2. Empleo de reportes detallados de avance	1	2	3	4	5
1	2	3	4	5	3. Habilidades administrativas adecuadas del gerente de proyecto	1	2	3	4	5
1	2	3	4	5	4. Habilidades humanas adecuadas del gerente de proyecto	1	2	3	4	5
1	2	3	4	5	5. Habilidades técnicas adecuadas del gerente de proyecto	1	2	3	4	5
1	2	3	4	5	6. Influencia suficiente del gerente de proyecto en su equipo de trabajo	1	2	3	4	5
1	2	3	4	5	7. Autoridad suficiente del gerente de proyecto	1	2	3	4	5
1	2	3	4	5	8. Influencia suficiente del cliente	1	2	3	4	5
1	2	3	4	5	9. Coordinación de la empresa con el cliente	1	2	3	4	5
1	2	3	4	5	10. Interés del cliente en el proyecto	1	2	3	4	5
1	2	3	4	5	11. Participación del equipo encargado del proyecto en la toma de decisiones	1	2	3	4	5
1	2	3	4	5	12. Participación del equipo encargado del proyecto en la solución de problemas	1	2	3	4	5
1	2	3	4	5	13. Estructura bien definida del equipo encargado del proyecto	1	2	3	4	5
1	2	3	4	5	14. Seguridad laboral del equipo encargado del proyecto	1	2	3	4	5
1	2	3	4	5	15. Espíritu de trabajo en equipo	1	2	3	4	5
1	2	3	4	5	16. Apoyo de la alta dirección	1	2	3	4	5
1	2	3	4	5	17. Similitud del proyecto con proyectos anteriores	1	2	3	4	5
1	2	3	4	5	18. Complejidad del proyecto	1	2	3	4	5
1	2	3	4	5	19. Disponibilidad de fondos para iniciar el proyecto	1	2	3	4	5
1	2	3	4	5	20. Asignación realista de duraciones a las actividades del proyecto	1	2	3	4	5
1	2	3	4	5	21. Capacidad para definir a tiempo el diseño y las especificaciones del proyecto	1	2	3	4	5
1	2	3	4	5	22. Capacidad para cerrar el proyecto	1	2	3	4	5

IV. IMPACTOS DE LA ADMINISTRACIÓN DE OBRA EN EL DESEMPEÑO DE LA COMPAÑÍA

	Un mejor desempeño financiero		Incremento en la competitividad de la empresa
	Mejor toma de decisiones		Incremento en la calidad de los productos de la empresa
	Incremento en la eficiencia y productividad		Otro (especificar):

GRACIAS POR COMPLETAR EL CUESTIONARIO
TODAS LAS RESPUESTAS SERÁN TRATADAS ANONIMAMENTE.

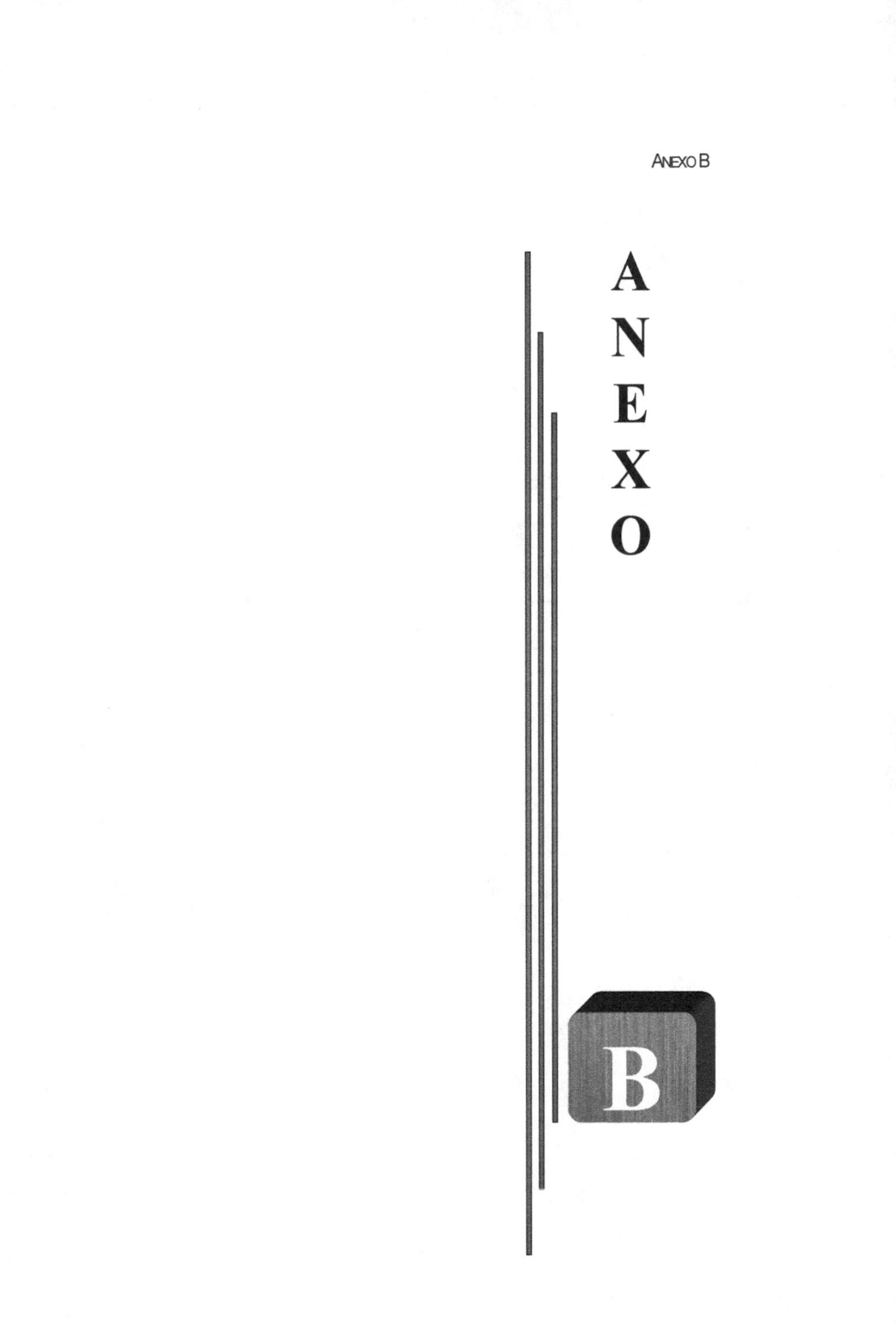
A
N
E
X
O
B

Universidad Autónoma del Estado de México
UAEM

Toluca, México a 02 de Septiembre de 2010

A QUIEN CORRESPONDA

P R E S E N T E.

Re: Encuesta sobre Administración de la Obra en el Estado de México

La Universidad Autónoma del Estado de México (UAEMex), a través de la Facultad de Ingeniería y de la Coordinación de Docencia en Ingeniería Civil, realiza un estudio para investigar Las prácticas de Administración de Obra en organizaciones constructoras operando en el Estado de México.

El objetivo principal del proyecto es investigar, conocer y comparar la realización del proceso de administración, así como lo referente a los tipos de metodologías que son aplicadas por las diversas constructoras del Estado. Para ello, en esta etapa de la investigación, se ha elaborado un instrumento de recolección de datos que mucho agradecería se tomara la molestia de completar. El cuestionario ha sido diseñado de tal manera que las preguntas son relativamente fáciles de responder, y su llenado no debe quitarle mucho tiempo.

Su participación es muy importante porque ayudará a las organizaciones que operan en el Estado de México, como la de usted, a mejorar su eficiencia, productividad y competitividad. Es importante señalar que todas las respuestas se tratarán de forma confidencial y anónima. Así, mucho apreciaría que brindara la información correspondiente a la estudiante de ingeniería civil que le presenta esta carta.

Agradeciendo de antemano su valiosa colaboración, aprovecho la oportunidad para reiterarle la seguridad de mi distinguida consideración.

A T E N T A M E N T E
PATRIA, CIENCIA Y TRABAJO
"2010, Bicentenario de la Independencia Nacional y Centenario de la Revolución Mexicana"

DR. DAVID JOAQUÍN DELGADO HERNÁNDEZ
COORDINADOR DE LA LICENCIATURA EN INGENIERÍA CIVIL

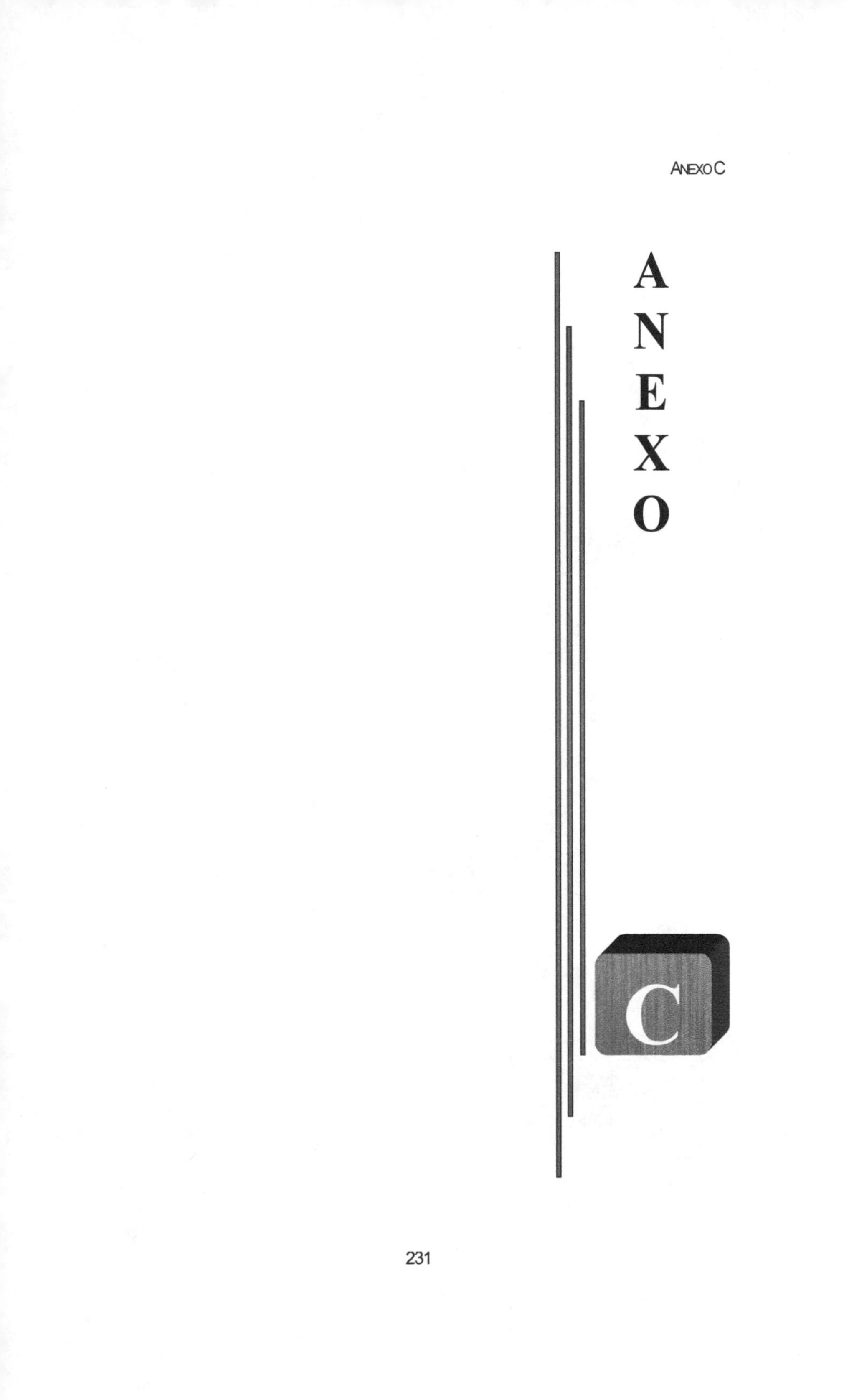
ANEXO
C

Número de Empresa	Tamaño	Giro de la empresa			
		Industrial	Infraestructura	Comercial	Residencial -Vivienda
1	2	0	1	0	0
2	1	0	1	0	0
3	4	0	0	1	0
4	2	0	0	0	1
5	3	1	1	1	1
6	3	1	1	0	0
7	1	0	1	0	0
8	1	0	1	0	0
9	3	0	1	0	1
10	2	0	1	0	0
11	4	0	0	0	1
12	4	0	0	1	0
13	4	0	1	0	0
14	3	1	0	0	0
15	1	0	1	0	0
16	1	0	1	0	0
17	1	0	1	0	0
18	1	0	1	1	0
19	4	0	1	0	0
20	1	0	1	0	0
21	1	0	1	0	0
22	2	0	1	0	0
23	4	0	0	0	0
24	4	0	1	0	0
25	2	0	1	0	0
26	2	0	1	1	0
27	2	0	1	0	0
28	1	0	1	0	0
29	2	0	1	0	0
30	3	0	1	0	0
31	3	0	1	0	0
32	2	0	1	0	0
33	3	0	1	0	0
34	3	0	1	0	0
35	1	0	0	0	1
36	1	0	1	0	0
37	2	1	1	0	0
38	3	0	0	1	0
39	3	0	0	0	1
40	3	0	0	1	0
41	3	0	0	0	0
42	3	1	0	0	1
43	2	0	1	0	0
44	2	0	0	0	0
45	3	0	0	0	0

No. E	Otro giro	Proceso de construcción		
		Diseño	Construcción	Mantenimiento
1	---------------	0	1	0
2	---------------	0	1	0
3	---------------	0	0	0
4	---------------	0	0	0
5	---------------	0	1	0
6	---------------	0	1	1
7	---------------	0	1	0
8	---------------	0	1	0
9	---------------	0	1	1
10	---------------	0	1	1
11	---------------	1	1	0
12	---------------	0	1	1
13	---------------	0	1	0
14	---------------	1	1	1
15	---------------	0	1	0
16	---------------	0	0	0
17	Edificación y construcción	1	1	1
18	---------------	0	1	0
19	---------------	0	1	0
20	---------------	0	1	1
21	---------------	1	1	0
22	---------------	1	1	1
23	Reciclado de pavimentos	0	0	1
24	---------------	0	1	0
25	---------------	0	1	0
26	---------------	0	1	1
27	---------------	0	1	0
28	---------------	0	1	0
29	---------------	1	1	1
30	---------------	1	1	1
31	---------------	1	1	1
32	---------------	1	1	1
33	---------------	0	1	1
34	Vialidades, obra	0	1	0
35	---------------	0	0	1
36	---------------	0	1	0
37	---------------	0	1	1
38	---------------	0	1	1
39	---------------	0	1	0
40	---------------	0	1	0
41	Construcción en general.	0	0	0
42	---------------	1	1	1
43	---------------	1	1	1
44	Obra pública	1	1	1
45	Supervisión de obra	0	1	0

No. E	Edad	Experiencia	Datos adicionales
1	4	1	Enfoques tradicionales
2	1	1	Reciente creación
3	4	1	Enfoque comercial
4	4	1	Está certificada
5	3	3	---------------
6	3	2	---------------
7	4	4	Gran sentido social
8	3	4	Se dedica a la edificación
9	3	3	---------------
10	4	3	---------------
11	4	4	---------------
12	4	4	---------------
13	4	4	Obtiene ingresos de concesiones
14	4	4	---------------
15	3	3	---------------
16	4	4	---------------
17	2	2	Se tienen datos de Acta Constitutiva, etc
18	3	2	---------------
19	4	4	En proceso de certificación
20	3	4	---------------
21	1	1	---------------
22	3	3	---------------
23	3	3	Competente de CUTLER/ recicla Asfaltos
24	4	4	---------------
25	4	4	---------------
26	3	3	---------------
27	3	3	---------------
28	2	2	---------------
29	3	3	---------------
30	4	4	---------------
31	3	3	---------------
32	3	3	---------------
33	4	4	---------------
34	4	4	---------------
35	1	1	---------------
36	2	2	---------------
37	3	3	---------------
38	3	2	---------------
39	3	2	---------------
40	4	4	---------------
41	3	3	---------------
42	3	3	---------------
43	4	4	---------------
44	2	2	---------------
45	4	4	---------------

No. E	Herramientas de planeación (USO)							Herramientas de planeación (IMPORTANCIA)						
	PU 1	PU 2	PU 3	PU 4	PU 5	PU 6	PU 7	PI 1	PI 2	PI 3	PI 4	PI 5	PI 6	PI 7
1	1	0	1	0	2	2	0	0	0	0	0	0	0	0
2	1	4	5	5	5	5	5	5	5	5	5	5	5	5
3	5	3	4	5	4	5	2	4	3	4	5	4	5	2
4	5	5	4	3	3	2	2	3	5	4	3	3	2	2
5	5	5	5	5	5	5	5	5	5	5	5	5	5	5
6	3	5	4	5	5	5	5	5	5	4	3	4	5	2
7	5	5	4	4	4	4	4	5	5	5	5	5	5	5
8	4	5	4	4	4	5	3	5	5	5	5	5	5	4
9	4	5	4	5	5	5	5	5	4	5	5	5	5	5
10	4	5	5	5	5	5	5	5	5	5	5	5	5	5
11	5	5	5	3	4	5	4	5	5	5	4	4	4	4
12	3	5	5	5	4	5	4	3	4	4	4	3	4	3
13	4	4	0	4	3	4	5	5	4	4	4	5	5	5
14	5	4	5	4	5	5	5	5	5	5	4	5	5	5
15	2	2	2	3	3	3	3	5	5	4	4	5	5	5
16	4	3	5	4	5	4	3	4	3	5	4	5	5	4
17	4	3	3	5	5	5	5	4	4	4	5	5	5	5
18	4	1	2	1	4	5	2	5	3	3	5	4	5	3
19	5	4	4	3	5	4	4	5	5	5	4	5	4	5
20	4	3	3	2	4	4	3	5	4	5	5	5	5	5
21	4	4	4	3	4	5	3	3	4	4	3	3	5	3
22	5	2	5	3	4	5	3	5	4	5	4	5	5	4
23	3	4	2	4	3	4	3	4	5	4	5	5	5	5
24	5	5	5	5	5	5	5	5	5	5	5	5	5	5
25	3	2	3	4	3	5	4	4	3	3	4	4	5	4
26	3	2	3	3	4	5	3	4	3	3	3	4	5	5
27	3	4	3	3	4	4	4	5	4	4	4	5	5	5
28	4	2	3	3	5	4	3	4	3	4	4	5	5	4
29	3	3	3	4	3	3	2	5	5	3	4	5	5	4
30	4	5	4	4	4	4	3	5	5	4	5	5	5	4
31	4	3	3	3	3	3	2	4	4	3	4	4	5	4
32	4	5	4	4	4	4	3	5	5	4	5	5	5	5
33	5	5	4	5	5	5	5	4	3	4	2	5	3	4
34	4	4	4	4	5	4	4	5	4	4	4	5	4	4
35	2	2	3	3	3	3	3	2	2	2	2	2	2	2
36	4	3	4	4	3	3	3	5	3	4	3	4	4	4
37	4	5	2	3	3	3	3	5	5	2	5	5	5	5
38	3	3	3	4	3	4	3	5	5	5	4	4	4	4
39	4	2	4	5	5	5	2	5	4	4	5	5	5	3
40	5	5	5	5	5	5	3	5	5	5	5	5	5	5
41	3	3	2	4	4	3	3	4	3	4	5	4	4	3
42	4	4	4	4	5	5	5	5	5	3	4	5	5	5
43	3	5	5	5	5	5	5	5	5	5	5	5	5	5
44	4	4	4	4	4	4	4	4	4	4	4	4	4	4
45	5	5	5	5	5	5	5	5	5	5	5	5	5	5

No. E	Herramientas de ejecución (USO)				Herramientas de ejecución (IMPORTANCIA)			
	EU1	EU2	EU3	EU4	EI1	EI2	EI3	EI4
1	0	0	0	0	0	0	0	0
2	5	5	5	5	5	5	5	5
3	0	0	2	4	0	0	2	4
4	0	0	0	0	0	0	0	0
5	5	5	5	5	5	5	5	5
6	4	5	5	2	5	4	5	3
7	4	4	4	3	5	5	5	5
8	3	4	5	2	4	4	5	3
9	4	4	5	5	5	5	5	5
10	3	5	3	2	4	5	4	4
11	5	5	5	5	5	5	5	5
12	5	4	4	3	5	4	4	3
13	4	3	4	2	5	3	4	5
14	5	5	5	4	5	5	5	3
15	4	3	4	4	4	5	4	4
16	4	5	3	3	5	5	5	5
17	4	4	5	4	5	5	5	5
18	2	2	1	3	3	3	2	5
19	4	5	0	3	5	5	0	5
20	3	4	4	2	4	5	5	5
21	5	5	5	5	4	4	2	2
22	4	4	4	3	5	5	4	4
23	3	3	4	3	4	4	5	5
24	5	5	5	3	5	5	5	3
25	4	4	4	3	4	4	5	4
26	4	4	4	4	5	5	5	3
27	4	4	4	2	5	4	5	4
28	3	2	4	2	4	4	5	3
29	2	2	4	3	4	4	5	4
30	4	3	4	4	5	4	5	5
31	3	2	4	3	4	4	5	4
32	4	3	4	3	5	5	5	5
33	4	3	4	4	2	3	2	4
34	4	4	4	4	4	4	4	4
35	2	2	3	2	3	3	4	2
36	5	5	4	4	5	5	5	5
37	4	4	3	1	4	4	3	1
38	0	4	5	3	4	5	5	5
39	5	5	5	2	5	5	5	5
40	5	4	5	5	5	5	5	5
41	3	3	3	2	4	4	4	3
42	5	4	5	4	3	4	4	4
43	5	5	5	5	5	5	5	5
44	4	4	4	4	4	4	4	4
45	5	5	5	5	5	5	5	5

No. E	Herramientas de control (USO)				Herramientas de control (IMPORTANCIA)			
	CU1	CU2	CU3	CU4	CI1	CI2	CI3	CI4
1	1	1	0	0	1	1	0	0
2	5	5	5	5	5	5	5	5
3	5	3	3	4	3	2	3	4
4	5	5	5	5	5	5	5	5
5	5	5	5	0	5	5	5	5
6	4	5	3	4	5	4	3	1
7	4	4	2	2	4	4	2	4
8	5	4	3	3	5	5	4	3
9	5	5	4	3	5	5	4	4
10	5	4	4	2	5	5	5	3
11	5	5	5	5	5	5	5	5
12	4	5	5	4	4	5	5	4
13	1	3	4	3	4	4	4	4
14	5	5	4	5	5	5	4	5
15	3	2	3	1	5	5	4	4
16	5	3	2	1	5	5	4	4
17	4	4	4	1	5	5	4	4
18	2	2	1	1	5	5	4	4
19	4	5	0	3	5	5	0	1
20	3	3	1	0	5	5	5	5
21	4	5	3	4	4	3	0	3
22	4	4	4	4	5	5	4	4
23	2	3	5	5	5	5	4	5
24	5	5	5	5	5	5	5	5
25	3	4	2	2	4	4	4	4
26	4	4	3	3	4	5	4	4
27	4	4	4	4	5	5	4	4
28	3	3	4	3	5	5	5	3
29	2	3	3	2	5	4	4	4
30	4	3	3	3	5	5	5	5
31	2	3	3	2	5	4	4	4
32	3	3	3	3	5	5	5	5
33	5	4	4	5	2	3	4	2
34	4	4	4	4	4	4	4	4
35	2	3	3	3	2	2	3	2
36	4	4	3	4	4	5	3	4
37	3	3	2	0	5	5	5	5
38	3	4	2	2	5	5	5	4
39	5	5	3	5	5	5	5	5
40	5	5	5	5	5	5	5	5
41	4	4	4	2	5	5	5	5
42	5	5	4	0	5	4	4	0
43	5	5	4	4	5	5	4	4
44	4	4	4	4	4	4	4	4
45	5	5	5	5	5	5	5	5

No. E	Herramientas de cierre (USO)			Herramientas de cierre (IMPORTANCIA)		
	CIU1	CIU2	CIU3	CIi1	CIi2	CIi3
1	0	0	0	0	0	0
2	4	5	5	5	5	5
3	0	1	0	1	2	0
4	5	5	5	5	5	5
5	5	5	0	5	5	5
6	2	2	3	4	2	2
7	4	4	4	5	5	5
8	5	4	4	5	3	3
9	5	5	5	5	5	5
10	4	5	5	5	5	5
11	5	5	5	5	5	5
12	5	5	5	5	5	5
13	4	1	2	5	5	5
14	5	4	4	5	4	4
15	3	4	3	4	4	4
16	4	3	4	5	5	5
17	5	5	3	5	5	4
18	4	4	4	5	5	5
19	5	5	5	5	5	5
20	4	4	4	5	5	5
21	5	5	5	4	4	4
22	5	5	5	5	5	5
23	5	4	4	5	4	5
24	5	5	5	5	5	5
25	4	4	4	4	4	4
26	4	3	4	4	4	4
27	4	4	3	4	4	4
28	3	4	4	4	4	4
29	4	3	3	4	4	4
30	5	5	4	5	5	5
31	4	3	3	4	4	4
32	5	5	4	5	5	5
33	5	4	5	1	3	4
34	4	4	4	4	4	4
35	3	2	2	3	3	3
36	5	4	5	5	5	5
37	4	3	5	5	5	5
38	1	0	5	5	4	5
39	1	3	5	4	4	5
40	5	5	5	5	5	5
41	4	4	3	5	5	4
42	5	4	4	5	4	4
43	5	5	5	5	5	5
44	4	4	4	4	4	4
45	5	5	5	5	5	5

No. E	Problemas que enfrenta la empresa para aplicar las herramientas de administración					
	No se conocen	Se ignoran beneficios	Falta de interés	Falta de tiempo	Falta de recursos financieros	Falta de experiencia
1	1	1	1	0	0	0
2	0	0	0	0	0	0
3	0	0	0	1	0	0
4	1	0	0	0	0	0
5	0	0	0	0	1	0
6	0	0	0	0	0	0
7	0	0	0	1	1	0
8	0	1	0	0	1	0
9	0	0	0	1	0	1
10	0	0	0	0	1	0
11	0	0	0	0	1	0
12	1	1	1	0	0	1
13	0	0	1	0	0	0
14	0	0	0	1	0	1
15	0	1	1	0	0	1
16	0	0	0	0	1	1
17	0	0	0	1	0	0
18	0	0	0	1	0	0
19	0	1	1	1	0	1
20	1	0	1	0	0	0
21	0	1	1	0	0	0
22	0	1	0	0	1	1
23	0	0	0	0	0	1
24	0	0	0	1	0	0
25	0	0	1	0	0	0
26	0	0	1	1	0	0
27	0	0	1	0	0	0
28	0	0	1	0	0	1
29	0	1	1	1	1	1
30	0	0	1	0	0	1
31	0	1	1	1	1	1
32	0	0	1	0	0	1
33	0	0	0	1	1	0
34	0	0	0	1	0	0
35	0	0	0	1	0	0
36	0	0	0	1	1	0
37	0	0	0	1	0	1
38	0	1	0	0	0	0
39	0	1	0	0	0	0
40	0	0	0	0	0	1
41	0	0	0	0	1	0
42	1	0	0	0	0	0
43	0	0	0	0	1	0
44	0	0	0	0	0	0

No. E	Problemas que enfrenta la empresa para aplicar las herramientas de administración		
	Exceso de información	Falta de apoyo de la directiva	Otros
1	0	1	----------
2	0	0	Se aplican las herramientas
3	1	1	----------
4	0	0	----------
5	1	0	----------
6	1	0	----------
7	0	0	----------
8	1	0	----------
9	0	0	----------
10	0	0	Falta personal de administración.
11	0	1	----------
12	0	1	----------
13	0	0	----------
14	1	0	----------
15	0	0	----------
16	0	0	----------
17	0	0	----------
18	0	0	----------
19	0	1	----------
20	0	1	----------
21	0	0	----------
22	0	0	----------
23	0	0	----------
24	1	1	----------
25	1	0	----------
26	0	0	----------
27	0	0	----------
28	0	0	----------
29	0	1	----------
30	0	0	----------
31	0	1	----------
32	0	1	----------
33	0	0	----------
34	0	0	----------
35	0	0	----------
36	0	0	----------
37	0	0	----------
38	1	0	----------
39	0	1	----------
40	0	0	----------
41	0	0	----------
42	0	0	----------
43	0	0	----------
44	0	0	No ha enfrentado problemas
45	1	1	----------

No. E	Factores que pueden ayudar a conocer más acerca de la AO			
	Recursos financieros y de tiempo	Información tecnológica	Actualizaciones	Asesorías de expertos
1	0	0	0	0
2	1	0	0	0
3	1	0	1	0
4	0	0	0	0
5	1	1	1	1
6	1	1	0	0
7	1	0	1	0
8	0	1	1	1
9	0	1	1	1
10	1	1	1	1
11	0	0	1	0
12	0	0	1	1
13	1	0	0	0
14	0	0	0	1
15	0	0	1	1
16	1	0	1	1
17	1	0	0	1
18	0	0	0	0
19	1	0	1	0
20	0	1	0	1
21	0	1	0	1
22	1	1	1	1
23	0	0	0	0
24	0	0	1	0
25	0	1	0	0
26	0	1	1	0
27	0	0	0	1
28	0	1	1	0
29	1	1	1	0
30	0	1	1	1
31	0	1	1	0
32	0	1	1	0
33	1	0	0	1
34	0	0	0	0
35	0	0	1	0
36	0	0	1	0
37	1	0	0	1
38	0	0	1	0
39	0	0	0	0
40	0	0	1	0
41	1	0	1	0
42	0	0	1	1
43	1	0	1	0
44	0	1	0	1
45	1	0	1	1

No. E	Factores que pueden ayudar a conocer más acerca de la AO		
	Uso de guías y metodologías	Capacitación	Otras
1	1	1	-------------
2	0	1	-------------
3	0	1	-------------
4	1	0	-------------
5	1	1	-------------
6	1	0	-------------
7	0	1	-------------
8	1	0	-------------
9	1	1	-------------
10	1	1	-------------
11	1	0	-------------
12	1	0	-------------
13	0	0	-------------
14	0	0	-------------
15	0	1	-------------
16	0	1	-------------
17	1	1	-------------
18	1	1	-------------
19	1	1	-------------
20	1	1	-------------
21	0	1	-------------
22	1	1	-------------
23	1	0	-------------
24	0	1	-------------
25	0	1	-------------
26	1	1	-------------
27	0	1	-------------
28	0	0	-------------
29	1	1	-------------
30	0	1	-------------
31	1	1	-------------
32	0	1	-------------
33	1	0	-------------
34	0	1	-------------
35	0	0	-------------
36	0	0	-------------
37	0	0	-------------
38	1	0	-------------
39	1	1	-------------
40	0	1	-------------
41	0	1	-------------
42	0	1	-------------
43	1	1	-------------
44	0	0	-------------
45	0	1	-------------

No. E	Factores Críticos de Éxito (USO)										
	FCu 1	FCu 2	FCu 3	FCu 4	FCu 5	FCu 6	FCu 7	FCu 8	FCu 9	FCu 10	FCu 11
1	1	1	1	1	1	2	1	2	2	2	2
2	4	4	4	4	5	4	5	4	5	4	5
3	2	3	5	2	4	4	5	2	4	4	3
4	5	5	5	4	4	4	4	5	5	5	5
5	5	5	5	5	5	5	5	5	5	5	5
6	1	1	1	1	1	2	1	2	2	2	2
7	3	3	3	4	4	4	5	3	4	4	3
8	3	3	4	2	2	3	3	4	4	3	3
9	4	3	4	5	4	4	5	4	5	4	5
10	3	3	5	4	4	3	4	1	5	5	4
11	5	5	4	4	5	4	4	5	4	5	4
12	4	4	4	4	4	5	4	3	4	4	4
13	3	3	4	3	3	3	4	3	4	5	3
14	5	5	5	5	5	5	5	4	4	3	5
15	5	5	3	4	5	4	3	5	4	4	4
16	2	3	3	3	4	4	3	5	4	4	5
17	3	3	4	3	4	3	4	3	4	4	3
18	4	3	3	3	4	4	5	3	4	4	3
19	4	4	5	5	5	2	5	3	4	5	4
20	4	2	3	3	4	4	5	4	3	4	3
21	5	5	5	4	4	3	3	3	4	3	4
22	4	4	5	5	5	5	4	5	5	3	4
23	5	4	4	4	5	5	5	4	5	5	5
24	5	4	5	5	4	5	5	5	2	1	5
25	4	2	4	4	4	4	4	3	4	4	4
26	5	3	3	3	4	4	5	4	4	4	4
27	4	3	4	3	4	4	4	3	4	4	4
28	4	3	3	3	4	4	4	4	4	5	4
29	4	3	3	2	3	4	4	3	4	3	4
30	5	4	4	3	4	5	5	4	5	4	4
31	4	3	3	2	4	4	4	3	4	3	4
32	5	4	5	3	4	5	5	4	5	4	4
33	5	4	5	4	5	5	5	4	5	3	4
34	4	4	4	4	4	4	4	3	3	3	4
35	3	2	2	2	3	3	2	2	3	3	3
36	4	4	3	3	3	4	4	4	4	5	4
37	3	3	4	5	3	3	3	3	3	4	4
38	3	3	3	2	3	4	3	4	4	4	3
39	4	4	3	2	5	5	5	2	5	3	3
40	3	3	4	3	3	5	5	2	5	2	1
41	4	4	5	5	3	5	3	5	5	4	5
42	3	4	5	4	5	4	5	4	4	4	5
43	5	4	5	5	5	4	4	4	5	5	5
44	4	4	4	5	5	5	4	4	4	5	5
45	4	5	3	4	4	4	4	4	4	5	4

No. E	Factores Críticos de Éxito (USO)										
	FCu 12	FCu 13	FCu 14	FCu 15	FCu 16	FCu 17	FCu 18	FCu 19	FCu 20	FCu 21	FCu 22
1	2	2	1	2	2	1	2	1	1	2	1
2	4	5	4	5	4	4	5	4	5	4	4
3	3	2	2	3	2	5	5	4	1	2	4
4	5	5	5	4	4	5	5	5	5	4	5
5	5	5	5	5	5	5	5	5	5	5	5
6	2	2	1	2	2	1	2	1	1	2	1
7	3	3	3	3	5	4	5	2	4	4	4
8	3	3	4	3	3	5	4	3	3	3	4
9	5	5	4	4	4	5	4	3	4	4	4
10	4	3	2	4	5	4	3	4	4	4	5
11	4	5	5	4	5	5	5	5	5	5	4
12	5	5	5	4	3	4	5	5	4	4	5
13	5	4	4	4	4	3	4	5	2	2	3
14	5	5	5	5	5	5	3	5	5	5	5
15	5	4	4	5	5	4	4	3	4	4	4
16	5	5	3	5	5	5	3	2	4	3	4
17	4	3	4	3	3	4	4	4	4	4	3
18	5	3	4	3	4	2	4	3	3	4	4
19	5	5	5	5	5	2	4	4	4	5	2
20	4	4	4	3	5	4	3	5	3	3	5
21	3	3	4	3	4	5	4	4	4	3	4
22	4	3	3	3	4	4	3	4	4	5	5
23	5	5	5	5	5	5	5	5	5	5	5
24	5	5	5	5	3	3	1	5	5	5	5
25	4	3	4	4	4	4	3	4	4	3	3
26	4	3	5	4	4	3	3	4	4	3	4
27	4	3	4	4	4	4	3	4	4	4	4
28	4	4	3	4	3	3	3	4	3	4	3
29	4	3	3	2	3	3	4	3	2	3	4
30	4	4	4	3	4	4	3	4	4	4	5
31	4	3	3	2	3	3	4	3	3	3	4
32	4	4	3	2	4	3	4	3	3	3	4
33	2	3	4	3	4	3	4	4	4	4	3
34	4	4	4	4	4	4	3	3	3	4	4
35	2	2	2	3	3	2	2	3	3	3	3
36	4	5	3	4	4	4	5	3	4	4	5
37	4	4	4	4	5	4	5	5	4	4	5
38	3	3	4	3	3	3	4	4	4	3	3
39	4	5	4	3	4	2	3	5	5	3	4
40	1	2	2	5	5	5	5	5	5	5	5
41	5	5	5	5	5	4	3	4	5	5	5
42	4	4	4	5	4	4	4	4	5	4	5
43	5	4	4	4	4	4	4	5	5	5	5
44	5	5	5	5	5	3	3	4	4	4	5
45	4	4	4	4	4	4	4	4	4	4	5

No. E	Factores Críticos de Éxito (IMPORTANCIA)										
	FCi 1	FCi 2	FCi 3	FCi 4	FCi 5	FCi 6	FCi 7	FCi 8	FCi 9	FCi10	FCi11
1	5	5	5	5	5	5	5	5	5	5	5
2	3	4	4	4	4	4	5	4	5	4	5
3	3	2	5	5	4	5	5	3	3	4	3
4	5	5	5	4	4	4	4	5	5	5	5
5	5	5	5	5	5	5	5	5	5	5	5
6	5	5	5	5	5	5	5	5	5	5	5
7	5	5	5	5	5	5	5	5	5	5	3
8	3	3	4	4	3	3	3	5	5	4	4
9	5	5	5	5	4	5	5	4	5	5	5
10	5	5	5	5	5	5	4	1	5	5	5
11	5	5	5	4	5	5	5	5	5	5	5
12	4	4	4	4	4	5	4	3	4	4	4
13	4	5	5	5	4	5	4	4	4	5	4
14	5	4	5	5	5	5	5	4	4	4	5
15	4	5	4	4	5	4	4	4	5	5	5
16	3	3	5	4	5	5	4	5	5	5	5
17	4	4	5	4	4	4	5	5	5	4	4
18	5	4	5	3	5	5	5	4	5	5	4
19	5	5	5	5	5	4	5	4	4	5	5
20	5	4	5	4	4	5	5	5	5	4	4
21	5	5	5	5	5	5	5	4	5	5	4
22	5	4	4	5	5	5	4	5	5	4	5
23	5	5	5	5	5	5	5	4	5	5	5
24	5	3	5	4	4	4	5	5	3	1	5
25	4	4	4	4	5	5	5	3	4	5	4
26	5	4	4	4	5	5	5	3	4	4	4
27	4	4	4	4	5	5	5	3	4	5	5
28	5	4	3	3	5	5	5	3	5	4	5
29	5	4	4	4	5	5	5	3	4	5	5
30	5	5	4	4	5	5	5	3	4	5	5
31	5	4	4	4	4	4	5	3	4	4	5
32	5	5	4	5	5	5	5	3	4	5	5
33	2	3	2	5	5	5	4	3	4	4	3
34	5	5	5	5	4	5	4	4	4	4	5
35	4	4	4	4	4	4	3	4	4	3	3
36	4	4	3	3	3	4	4	4	5	5	3
37	5	4	5	5	5	4	5	4	3	4	4
38	5	4	4	4	5	4	5	5	5	5	4
39	5	5	4	3	4	5	5	4	5	4	4
40	5	5	5	5	5	5	5	5	5	5	5
41	5	5	4	5	4	4	4	4	5	5	5
42	3	4	5	5	5	5	5	5	4	5	5
43	5	4	5	5	5	4	4	4	5	5	5
44	4	4	4	5	5	5	4	4	4	4	4
45	5	5	5	5	5	5	5	5	5	5	5

No. E	Factores Críticos de Éxito (IMPORTANCIA)										
	FCi 12	FCi 13	FCi 14	FCi 15	FCi 16	FCi 17	FCi 18	FCi 19	FCi 20	FCi 21	FCi 22
1	5	5	5	5	5	5	5	5	5	5	5
2	4	5	4	5	4	5	4	5	4	5	5
3	5	4	5	5	5	3	5	4	4	4	2
4	5	5	5	4	5	5	5	5	5	4	5
5	5	5	5	5	5	5	5	5	5	5	5
6	5	5	5	5	5	5	5	5	5	5	5
7	3	5	5	5	5	3	5	5	5	5	5
8	4	4	4	5	5	5	4	5	2	3	5
9	5	4	4	4	5	5	5	5	5	5	5
10	5	5	5	5	5	3	3	5	5	5	5
11	5	5	5	5	5	5	5	5	5	5	4
12	5	5	5	4	3	4	5	5	4	4	5
13	5	5	4	5	5	4	4	5	5	5	5
14	5	5	5	5	5	4	4	5	5	5	5
15	5	5	5	3	4	3	4	5	5	5	4
16	5	5	5	5	5	5	3	5	4	3	5
17	4	5	5	5	4	4	4	5	5	5	4
18	5	4	5	4	4	3	4	5	4	5	5
19	5	5	5	5	5	1	2	5	5	5	4
20	5	5	5	5	5	5	3	5	5	4	5
21	5	5	5	5	5	5	4	5	5	4	5
22	4	4	5	5	5	4	4	5	5	5	5
23	5	4	5	5	5	5	4	5	5	5	5
24	5	5	3	4	3	3	1	5	5	4	5
25	5	5	4	5	5	4	5	5	5	5	5
26	5	5	5	4	3	3	3	5	5	4	5
27	5	4	5	5	4	4	3	5	5	5	5
28	5	4	5	5	4	5	3	5	4	4	4
29	5	4	5	4	3	4	3	5	4	4	4
30	5	5	5	3	4	5	3	5	5	5	5
31	5	4	5	3	3	4	3	5	4	4	4
32	5	5	5	4	4	4	3	5	5	4	5
33	3	4	4	4	3	4	3	4	3	4	3
34	4	5	5	4	4	4	4	4	4	5	5
35	4	4	4	4	4	4	4	4	4	4	4
36	3	3	3	4	3	4	5	5	4	4	4
37	4	5	5	5	5	5	5	5	5	5	5
38	5	5	5	3	4	3	4	5	4	4	4
39	5	4	5	4	4	3	5	5	5	4	5
40	5	5	5	5	5	5	5	5	5	5	5
41	5	5	4	5	5	3	3	4	5	5	5
42	4	4	4	5	4	4	4	4	5	4	5
43	5	4	4	4	4	4	4	5	5	5	5
44	5	5	5	5	5	3	3	4	4	4	5
45	5	5	5	5	5	5	5	5	5	5	5

No. E	Impactos de la AO esperados en el desempeño de la compañía			
	Mejor desempeño financiero	Mejor toma de decisiones	Incremento en eficiencia y productividad	Incremento en la competitividad de la empresa
1	1	1	1	1
2	1	0	0	1
3	1	1	0	0
4	0	0	1	0
5	1	1	1	1
6	1	1	0	0
7	1	0	1	1
8	0	1	1	1
9	1	1	1	1
10	1	1	1	1
11	1	1	1	0
12	0	0	1	1
13	0	0	1	0
14	0	0	0	1
15	1	1	1	0
16	1	1	1	1
17	1	1	1	0
18	1	0	0	0
19	1	1	1	1
20	0	0	1	1
21	0	1	1	1
22	1	1	1	1
23	0	1	0	0
24	1	0	0	0
25	0	1	0	1
26	0	0	0	1
27	0	0	1	0
28	1	0	1	0
29	0	1	1	1
30	1	1	1	1
31	0	1	1	1
32	1	1	1	1
33	1	0	0	1
34	0	1	1	0
35	1	0	0	0
36	1	1	0	0
37	1	1	1	0
38	1	1	1	0
39	0	1	1	0
40	1	1	1	1
41	0	1	0	0
42	1	1	1	1
43	1	0	1	1
44	1	1	1	1
45	1	1	0	1

No. E	Impactos de la AO esperados en el desempeño de la compañía	
	Incremento en la calidad de los productos	Otros
1	0	--------------
2	1	--------------
3	0	--------------
4	0	--------------
5	1	--------------
6	0	--------------
7	0	--------------
8	1	--------------
9	1	--------------
10	1	--------------
11	1	--------------
12	1	--------------
13	0	--------------
14	0	--------------
15	0	--------------
16	1	Más contrataciones
17	0	--------------
18	0	--------------
19	1	--------------
20	1	--------------
21	1	--------------
22	1	--------------
23	0	--------------
24	0	--------------
25	0	--------------
26	0	--------------
27	0	--------------
28	0	--------------
29	0	--------------
30	0	--------------
31	0	--------------
32	0	--------------
33	0	--------------
34	1	--------------
35	1	--------------
36	0	--------------
37	0	--------------
38	0	--------------
39	0	--------------
40	1	--------------
41	0	--------------
42	0	--------------
43	0	--------------
44	1	--------------
45	1	--------------

No. E	Promedios de las herramientas (USO)			
	Promedio PU	Promedio EU	Promedio CU	Promedio CiU
1	0.71	0.00	0.50	0.00
2	4.86	5.00	5.00	4.67
3	3.86	1.50	3.75	0.33
4	3.14	0.00	5.00	5.00
5	5.00	5.00	3.75	3.33
6	4.71	4.00	4.00	2.33
7	4.14	3.75	3.00	4.00
8	4.29	3.50	3.75	4.33
9	4.71	4.50	4.25	5.00
10	5.00	3.25	3.75	4.67
11	4.43	5.00	5.00	5.00
12	4.57	4.00	4.50	5.00
13	3.43	3.25	2.75	2.33
14	4.71	4.75	4.75	4.33
15	2.43	3.75	2.25	3.33
16	4.00	3.75	2.75	3.67
17	4.29	4.25	3.25	4.33
18	2.43	2.00	1.50	4.00
19	4.00	3.00	3.00	5.00
20	3.29	3.25	1.75	4.00
21	3.71	5.00	4.00	5.00
22	3.86	3.75	4.00	5.00
23	3.29	3.25	3.75	4.33
24	5.00	4.50	5.00	5.00
25	3.43	3.75	2.75	4.00
26	3.29	4.00	3.50	3.67
27	3.71	3.50	4.00	3.67
28	3.43	2.75	3.25	3.67
29	3.00	2.75	2.50	3.33
30	4.00	3.75	3.25	4.67
31	2.86	3.00	2.50	3.33
32	4.00	3.50	3.00	4.67
33	4.86	3.75	4.50	4.67
34	4.29	4.00	4.00	4.00
35	2.71	2.25	2.75	2.33
36	3.57	4.50	3.75	4.67
37	3.29	3.00	2.00	4.00
38	3.29	3.00	2.75	2.00
39	3.86	4.25	4.50	3.00
40	4.71	4.75	5.00	5.00
41	3.29	2.75	3.50	3.67
42	4.57	4.50	3.50	4.33
43	5.00	5.00	4.50	5.00
44	4.00	4.00	4.00	4.00
45	5.00	5.00	5.00	5.00

No. E	Promedios de las herramientas (IMPORTANCIA)			
	Promedio Pi	Promedio Ei	Promedio	Promedio CIi
1	0.00	0.00	0.50	0.00
2	5.00	5.00	5.00	5.00
3	3.86	1.50	3.00	1.00
4	3.14	0.00	5.00	5.00
5	5.00	5.00	5.00	5.00
6	4.00	4.25	3.25	2.67
7	5.00	5.00	3.50	5.00
8	4.86	4.00	4.25	3.67
9	4.86	5.00	4.50	5.00
10	5.00	4.25	4.50	5.00
11	4.43	5.00	5.00	5.00
12	3.57	4.00	4.50	5.00
13	4.57	4.25	4.00	5.00
14	4.86	4.50	4.75	4.33
15	4.71	4.25	4.50	4.00
16	4.29	5.00	4.50	5.00
17	4.57	5.00	4.50	4.67
18	4.00	3.25	4.50	5.00
19	4.71	3.75	2.75	5.00
20	4.86	4.75	5.00	5.00
21	3.57	3.00	2.50	4.00
22	4.57	4.50	4.50	5.00
23	4.71	4.50	4.75	4.67
24	5.00	4.50	5.00	5.00
25	3.86	4.25	4.00	4.00
26	3.86	4.50	4.25	4.00
27	4.57	4.50	4.50	4.00
28	4.14	4.00	4.50	4.00
29	4.43	4.25	4.25	4.00
30	4.71	4.75	5.00	5.00
31	4.00	4.25	4.25	4.00
32	4.86	5.00	5.00	5.00
33	3.57	2.75	2.75	2.67
34	4.29	4.00	4.00	4.00
35	2.00	3.00	2.25	3.00
36	3.86	5.00	4.00	5.00
37	4.57	3.00	5.00	5.00
38	4.43	4.75	4.75	4.67
39	4.43	5.00	5.00	4.33
40	5.00	5.00	5.00	5.00
41	3.86	3.75	5.00	4.67
42	4.57	3.75	3.25	4.33
43	5.00	5.00	4.50	5.00
44	4.00	4.00	4.00	4.00
45	5.00	5.00	5.00	5.00

No. E	Promedios de las categorías de los FCEs (USO)			
	Promedio Seguimiento U	Promedio Competencia U	Promedio Participación U	Promedio Integración U
1	1.17	1.29	2.00	1.80
2	4.17	4.29	4.67	4.60
3	2.83	3.71	4.33	2.60
4	4.83	4.29	5.00	4.80
5	5.00	5.00	5.00	5.00
6	1.17	1.29	2.00	1.80
7	3.67	3.86	4.33	3.00
8	3.50	2.86	3.67	3.20
9	4.00	4.14	4.33	4.60
10	3.83	4.14	4.33	3.40
11	4.83	4.43	4.67	4.40
12	4.17	4.14	4.33	4.60
13	2.67	3.71	4.33	4.00
14	5.00	5.00	3.33	5.00
15	4.33	3.86	4.00	4.40
16	3.50	3.43	3.67	4.60
17	3.50	3.57	4.00	3.40
18	3.33	3.71	4.00	3.60
19	3.50	4.43	4.33	4.80
20	3.50	4.14	3.33	3.60
21	4.33	3.86	3.67	3.40
22	4.33	4.57	3.67	3.40
23	4.83	4.71	5.00	5.00
24	4.50	4.57	1.33	5.00
25	3.33	4.00	3.67	3.80
26	3.67	3.86	3.67	4.00
27	3.83	3.86	3.67	3.80
28	3.33	3.57	4.00	3.80
29	3.17	3.14	3.67	3.20
30	4.33	4.14	4.00	3.80
31	3.33	3.29	3.67	3.20
32	3.67	4.14	4.33	3.40
33	3.83	4.57	4.00	3.20
34	3.83	3.86	3.00	4.00
35	2.67	2.57	2.67	2.40
36	4.17	3.43	4.67	4.00
37	3.83	4.00	4.00	4.00
38	3.17	3.14	4.00	3.20
39	3.67	4.14	3.67	3.80
40	4.33	4.29	4.00	2.20
41	4.50	4.29	4.00	5.00
42	4.17	4.43	4.00	4.40
43	4.67	4.57	4.67	4.40
44	4.00	4.57	4.00	5.00
45	4.33	3.86	4.33	4.00

No. E	Promedios de las categorías de los FCEs (IMPORTANCIA)			
	Promedio Seguimiento I	Promedio Competencia I	Promedio Participación I	Promedio Integración I
1	5.00	5.00	5.00	5.00
2	4.33	4.29	4.33	4.60
3	3.00	4.71	4.00	4.40
4	4.83	4.43	5.00	4.80
5	5.00	5.00	5.00	5.00
6	5.00	5.00	5.00	5.00
7	4.67	5.00	5.00	4.20
8	3.50	3.86	4.33	4.20
9	5.00	4.86	5.00	4.40
10	4.67	4.86	4.33	5.00
11	4.83	4.86	5.00	5.00
12	4.17	4.14	4.33	4.60
13	4.67	4.71	4.33	4.60
14	4.67	5.00	4.00	5.00
15	4.33	4.29	4.67	4.60
16	3.83	4.71	4.33	5.00
17	4.33	4.43	4.33	4.60
18	4.33	4.57	4.67	4.40
19	4.17	4.86	3.67	5.00
20	4.67	4.71	4.00	4.80
21	4.83	5.00	4.67	4.80
22	4.67	4.71	4.33	4.60
23	5.00	5.00	4.67	4.80
24	4.17	4.29	1.67	4.40
25	4.50	4.71	4.67	4.60
26	4.33	4.43	3.67	4.60
27	4.50	4.57	4.00	4.80
28	4.33	4.29	4.00	4.80
29	4.17	4.43	4.00	4.60
30	5.00	4.57	4.00	4.60
31	4.17	4.14	3.67	4.40
32	4.67	4.71	4.00	4.80
33	3.17	4.00	3.67	3.60
34	4.67	4.43	4.00	4.60
35	4.00	3.86	3.67	3.80
36	4.00	3.57	5.00	3.20
37	4.83	4.86	4.00	4.60
38	4.00	4.43	4.67	4.40
39	4.50	4.29	4.67	4.40
40	5.00	5.00	5.00	5.00
41	4.67	4.29	4.33	4.80
42	4.17	4.71	4.33	4.40
43	4.67	4.57	4.67	4.40
44	4.00	4.57	3.67	4.80
45	5.00	5.00	5.00	5.00

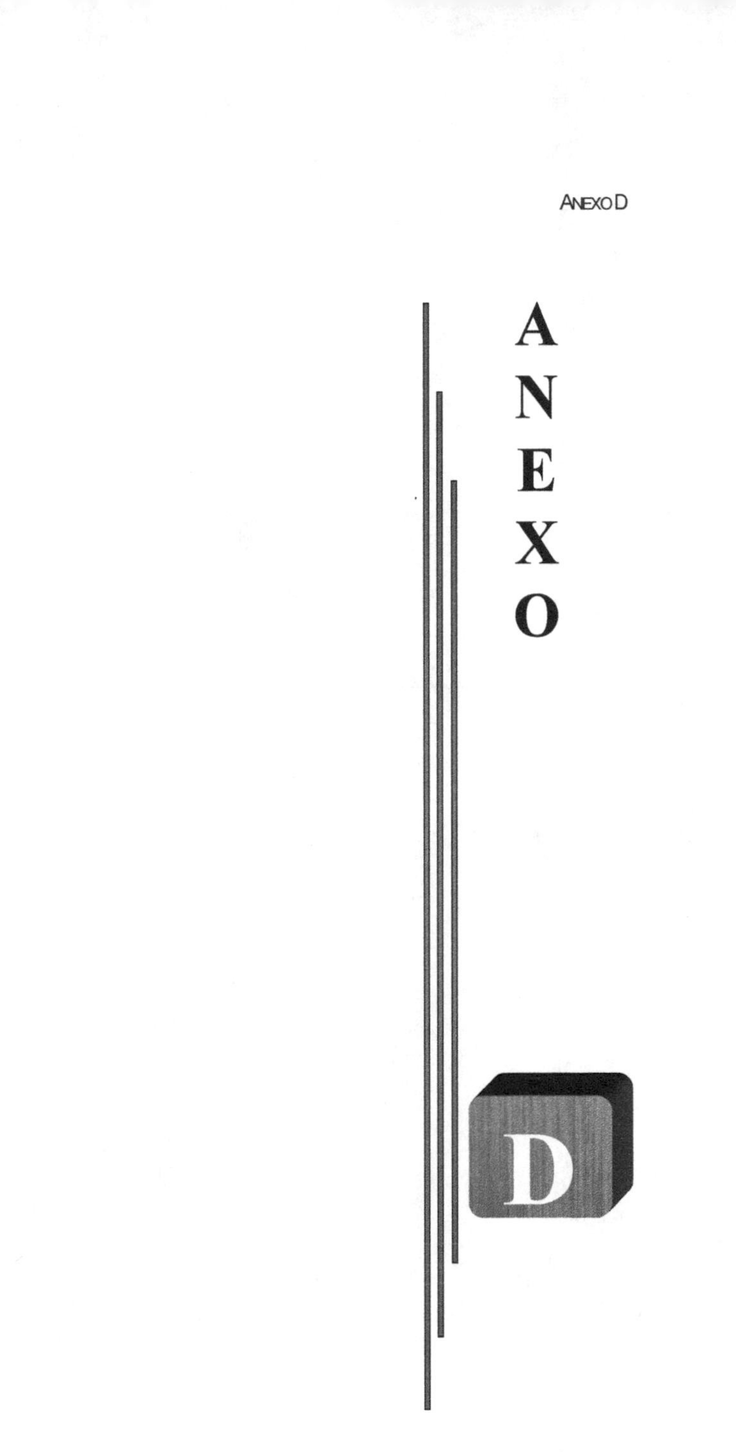
A
N
E
X
O
D

ANEXO D

DIAGNÓSTICO DE LAS PRÁCTICAS DE ADMINISTRACIÓN DE OBRA EN EMPRESAS CONSTRUCTORAS OPERANDO EN EL ESTADO DE MÉXICO

INTRODUCCIÓN E INSTRUCCIONES

Con la finalidad de conocer las prácticas de administración de obra en las constructoras operando en el Estado de México, se realiza la presente investigación. Es importante resaltar que toda la información que se brinde será confidencial. Si usted tiene alguna pregunta relacionada con el estudio, no dude en contactar al Dr. David Joaquín Delgado Hernández (david.delgado@fi.uaemex.mx, Tel. 01 (722) 214-08-55 Ext. 1101). De antemano agradecemos su participación ya que de ella depende el éxito del trabajo.

I. INFORMACIÓN GENERAL DE LA EMPRESA

1. Nombre de la Compañía

____

2. Tamaño de la empresa (número de empleados):

	1-10 (Micro)		11-50 (Pequeña)		51-250 (Mediana)		>250 (Grande)

3. Giro de la empresa:

	Industrial		Infraestructura		Comercial		Residencial (vivienda)

	Otro (especificar):	

4. En que partes de procesos de construcción se especializa

	Diseño
	Construcción
	Mantenimiento
	Otro (especificar):

5. Edad de la empresa

	Menos de 1 año		De 1 a 5 años		De 6 a 10 años		Más de 10 años

6. ¿Cuántos años de experiencia tiene la empresa en administración de obra?

	Menos de 1 año		De 1 a 5 años		De 6 a 10 años		Más de 10 años

7. Datos adicionales importantes sobre la empresa:

____

II. HERRAMIENTAS DE ADMINISTRACIÓN DE OBRA

2. **¿Cuáles son las herramientas que ha utilizado la empresa dentro de la administración en general?** *(Califique de acuerdo a la frecuencia de uso según el número)*

0 = NO APLICA **1 = MUY BAJO(A)** **2 = BAJO(A)**

3 = MODERADO(A) **4 = ALTO(A)** **5 = MUY ALTO(A)**

USO						HERRAMIENTAS	IMPORTANCIA					
						PLANEACIÓN						
						Plan de proyecto						
						Organigrama						
						Calendario de eventos						
						Programa de abastecimientos						
						Programa del proyecto						
						Estimados de costos						
						Programa de erogaciones						
						EJECUCIÓN						
						Administración de concursos						
						Administración de contratos						
						Requisiciones de pago						
						Evaluación de alternativas						
						CONTROL						
						Control del programa						
						Control presupuestal						
						Estatus Semanal						
						Sistema de control de cambios						
						CIERRE						
						Reporte final						
						Cierre técnico-administrativo						
						Cierre contractual						

2. ¿Cuáles son los problemas que ha enfrentado la empresa, con respecto a la aplicación práctica de las herramientas de administración?

	No se conocen		Falta de recursos financieros para aplicarlas
	Se ignoran sus beneficios		Falta de experiencia
	Falta de interés por aplicarlas		Exceso de Información
	Falta de tiempo para aprenderlas		Falta de apoyo por parte de la alta directiva
	Otras (especifique):		

3. ¿Cuáles son los factores que pueden ayudar a la empresa a conocer más acerca de la administración de la obra?

	Recursos financieros y de tiempo		Asesorías de expertos
	Disponibilidad de tecnología		Uso de guías y metodologías
	Actualizaciones		Capacitación
	Otras (Especifique)		

III. FACTORES CRÍTICOS DE ÉXITO

Exprese su nivel de acuerdo con cada uno de los siguientes Factores Críticos de Éxito (FCE), para la aplicación de los conceptos de la administración de obra.

1= MUY EN DESACUERDO 2= EN DESACUERDO 3= NEUTRAL 4= DE ACUERDO 5= MUY DE ACUERDO

NIVEL DE ACUERDO (Uso)					FACTORES CRÍTICOS DE ÉXITO	NIVEL DE ACUERDO (Importancia)				
1	2	3	4	5	1. Empleo de reportes generales de avance	1	2	3	4	5
1	2	3	4	5	2. Empleo de reportes detallados de avance	1	2	3	4	5
1	2	3	4	5	3. Habilidades administrativas adecuadas del gerente de proyecto	1	2	3	4	5
1	2	3	4	5	4. Habilidades humanas adecuadas del gerente de proyecto	1	2	3	4	5
1	2	3	4	5	5. Habilidades técnicas adecuadas del gerente de proyecto	1	2	3	4	5
1	2	3	4	5	6. Influencia suficiente del gerente de proyecto en su equipo de trabajo	1	2	3	4	5
1	2	3	4	5	7. Autoridad suficiente del gerente de proyecto	1	2	3	4	5
1	2	3	4	5	8. Coordinación de la empresa con el cliente	1	2	3	4	5
1	2	3	4	5	9. Interés del cliente en el proyecto	1	2	3	4	5
1	2	3	4	5	10. Participación del equipo encargado del proyecto en la toma de decisiones	1	2	3	4	5
1	2	3	4	5	11. Participación del equipo encargado del proyecto en la solución de problemas	1	2	3	4	5
1	2	3	4	5	12. Estructura bien definida del equipo encargado del proyecto	1	2	3	4	5
1	2	3	4	5	13. Seguridad laboral del equipo encargado del proyecto	1	2	3	4	5
1	2	3	4	5	14. Espíritu de trabajo en equipo	1	2	3	4	5
1	2	3	4	5	15. Apoyo de la alta dirección	1	2	3	4	5
1	2	3	4	5	16. Similitud del proyecto con proyectos anteriores	1	2	3	4	5
1	2	3	4	5	17. Complejidad del proyecto	1	2	3	4	5
1	2	3	4	5	18. Disponibilidad de fondos para iniciar el proyecto	1	2	3	4	5
1	2	3	4	5	19. Asignación realista de duraciones a las actividades del proyecto	1	2	3	4	5
1	2	3	4	5	20. Capacidad para definir a tiempo el diseño y las especificaciones del proyecto	1	2	3	4	5
1	2	3	4	5	21. Capacidad para cerrar el proyecto	1	2	3	4	5

IV. IMPACTOS DE LA ADMINISTRACIÓN DE OBRA EN EL DESEMPEÑO DE LA COMPAÑÍA

	Un mejor desempeño financiero		Incremento en la competitividad de la empresa
	Mejor toma de decisiones		Incremento en la calidad de los productos de la empresa
	Incremento en la eficiencia y productividad		Otro (especificar):

GRACIAS POR COMPLETAR EL CUESTIONARIO
TODAS LAS RESPUESTAS SERÁN TRATADAS ANONIMAMENTE.

ANEXO D

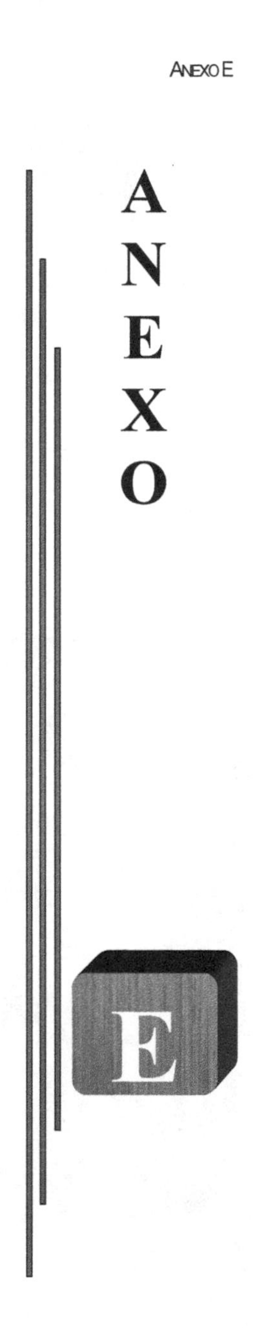
ANEXO
E

ANEXO E

CATALOGO DE CONCEPTOS CANAL LA VEGA (PRESUPUESTO)

CLAVE	DESCRIPCIÓN	UNIDAD	CANTIDAD	PRECIO UNITARIO	PRECIO UNITARIO (CON LETRA)	IMPORTE
	PREELIMINARES					
1	TRAZO Y NIVELACIÓN DE TERRENO PLANO PARA DESPALNTE DE ESTRUCTURA.	M2	840.00	$ 4.81	CUATRO PESOS 81/100 M.N.	$ 4,040.40
2	SEÑALAMIENTO VIAL CON BANDA RESTRICTIVA DE PRECAUCION CON LA LEYENDA DE "PRECAUCIÓN". INCLUYE: FIJACION EN PAVIMENTO ASFALTICO, BANDA PREVENTIVA, VARILLA DE 5/8" MÍNIMO @ 2.50 M.	M	200.00	$ 42.41	CUARENTA Y DOS PESOS 41/100 M.N.	$ 8,482.00
3	INSTALACION ELECTRICA PARA SEÑALAMIENTO VIAL CON CABLE ELECTRICO THW CALIBRE No. 14, CUBETAS DEL No. 5 SOQUETS Y FOCOS DE 100 WATTS @ 2.50 M INCLUYE: EL PAGO DE DERECHOS DE ENERGIA ANTE LA COMPAÑÍA DE LUZ.	M	200.00	$ 27.61	VEINTISIETE PESOS 61/100 M.N.	$ 5,522.00
4	SONDEO PARA LOCALIZAR LÍNEAS DE AGUA POTABLE Y/O DRENAJE EXISTENTES EN DIMENSIONES HASTA DE 1.50 M X 1.50 M A UNA PROFUNDIDAD MÁXIMA DE 2.00 M. EN PAVIMENTO ASFÁLTICO.	SONDEO	4.00	983.73	NOVECIENTOS OCHENTA Y TRES PESOS 73/100 M.N.	3,934.92

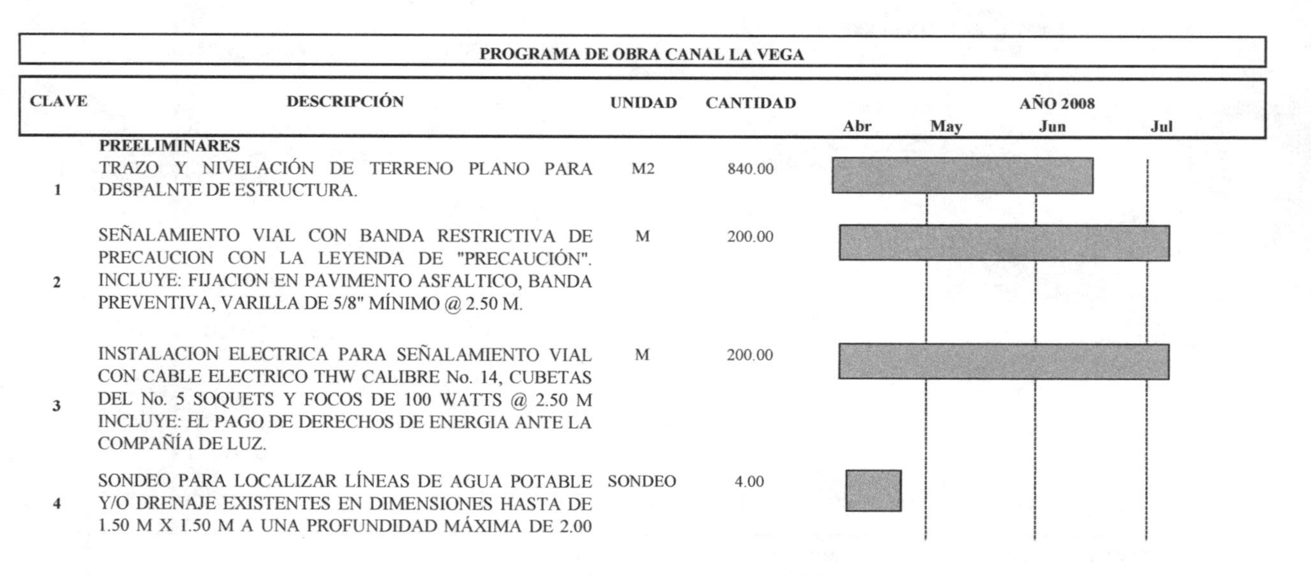

PROGRAMA DE OBRA CANAL LA VEGA

CLAVE	DESCRIPCIÓN	UNIDAD	CANTIDAD	AÑO 2008 Abr May Jun Jul
	PREELIMINARES			
1	TRAZO Y NIVELACIÓN DE TERRENO PLANO PARA DESPALNTE DE ESTRUCTURA.	M2	840.00	
2	SEÑALAMIENTO VIAL CON BANDA RESTRICTIVA DE PRECAUCION CON LA LEYENDA DE "PRECAUCIÓN". INCLUYE: FIJACION EN PAVIMENTO ASFALTICO, BANDA PREVENTIVA, VARILLA DE 5/8" MÍNIMO @ 2.50 M.	M	200.00	
3	INSTALACION ELECTRICA PARA SEÑALAMIENTO VIAL CON CABLE ELECTRICO THW CALIBRE No. 14, CUBETAS DEL No. 5 SOQUETS Y FOCOS DE 100 WATTS @ 2.50 M INCLUYE: EL PAGO DE DERECHOS DE ENERGIA ANTE LA COMPAÑÍA DE LUZ.	M	200.00	
4	SONDEO PARA LOCALIZAR LÍNEAS DE AGUA POTABLE Y/O DRENAJE EXISTENTES EN DIMENSIONES HASTA DE 1.50 M X 1.50 M A UNA PROFUNDIDAD MÁXIMA DE 2.00	SONDEO	4.00	

PROGRAMA DE EROGACIONES CANAL LA VEGA							
CLAVE	DESCRIPCIÓN	UNIDAD	CANTIDAD	AÑO 2008			
				Abr	May	Jun	Jul
	PREELIMINARES						
1	TRAZO Y NIVELACIÓN DE TERRENO PLANO PARA DESPALNTE DE ESTRUCTURA.	M2	840.00	1,327.56	1,789.32	923.52	
2	SEÑALAMIENTO VIAL CON BANDA RESTRICTIVA DE PRECAUCION CON LA LEYENDA DE "PRECAUCIÓN". INCLUYE: FIJACION EN PAVIMENTO ASFALTICO, BANDA PREVENTIVA, VARILLA DE 5/8" MÍNIMO @ 2.50 M.	M	200.00	2,096.67	2,954.41	2,859.10	571.82
3	INSTALACION ELECTRICA PARA SEÑALAMIENTO VIAL CON CABLE ELECTRICO THW CALIBRE No. 14. CUBETAS DEL No. 5 SOQUETS Y FOCOS DE 100 WATTS @ 2.50 M INCLUYE: EL PAGO DE DERECHOS DE ENERGIA ANTE LA COMPAÑÍA DE LUZ.	M	200.00	1,363.99	1,923.39	1,861.35	372.27
4	SONDEO PARA LOCALIZAR LÍNEAS DE AGUA POTABLE Y/O DRENAJE EXISTENTES EN DIMENSIONES HASTA DE 1.50 M X 1.50 M A UNA PROFUNDIDAD MÁXIMA DE 2.00	SONDEO	4.00	3,934.92			

PROGRAMA DE EROGACIONES DE MATERIALES CANAL LA VEGA

DESCRIPCIÓN	UNIDAD	CANTIDAD	AÑO 2008			
			Abr	May	Jun	Jul
PREELIMINARES						
ALAMBRE RECOCIDO CALIBRE 18, DE COLLADO	KG	1,497.56	2,650.11	6,846.11	6,625.26	1,325.05
CLAVO C/ CABEZADE 2"-4"	KG	263.29	869.56	1,172.02	1,134.21	189.03
CEMENTO PORTLAD CPC 30R	TON	14,264.00	3,366.03	8,026.68	7,767.75	1,553.55
ACERO DE REFUERZO DE 3/8" HASTA 3/4" DE FY=4200 KG/CM2 PARA CIMENTACIONES, MUROS Y LOSAS DE ESTRUCTURA	TON	29.43	46,222.63	110,223.20	106,667.61	
AGUA EN PIPA	M3	241.43	1,765.46	4,209.93	4,074.13	814.82
ARENA GRIS DE MINA	M3	40.69	928.36	1,691.84	1,637.26	327.45
GRAVA DE 3/4"	M3	29.47	545.96	1,301.91	1,259.92	251.99
BANDA PREVENTIVA PLASTICO 5 CM DE ANCHO	ML	700.00	259.55	365.73	353.93	70.79

PROGRAMA DE EROGACIONES DE MAQUINARIA Y EQUIPO CANAL LA VEGA

DESCRIPCIÓN	UNIDAD	CANTIDAD	AÑO 2008			
			Abr	May	Jun	Jul
PREELIMINARES						
CAMION DE VOLTEO MERCEDEZ BENZ DE 7M3	HR	144.93	6,460.92	13,352.56	12,921.83	2,584.36
RETROEXCAVADORA CATERPILLAR 416E	HR	211.09	9,392.53	15,324.64	14,830.30	2,966.06
COMPACTADOR MANUAL PR-8, 8 HP, DE 1 TON	HR	154.00	2,596.81	2,833.38	3,709.72	741.94
REVOLVEDORA DE CONCRETO MIPSA R-10, 1 SACO 8 HP	HR	23.86	155.92	371.81	359.82	71.96
VIBRADOR DE CHICOTE DYNPAC 4 HP	HR	285.12	949.45	3,270.33	3,164.83	527.47
BOMBA AUTOCEBANTE DE 3" MOTOR DE 8 HP	HR	200.00	3,052.90	5,257.78	3,731.32	

PROGRAMA DE EROGACIONES DE MANO DE OBRA CANAL LA VEGA

DESCRIPCIÓN	UNIDAD	CANTIDAD	AÑO 2008			
			Abr	May	Jun	Jul
CARPONTERO PARA CIMBRAS	JOR	242.21	12,815.25	39,727.27	38,445.74	6,407.62
AYUDANTE CARPINTERO PARA CIMBRAS	JOR	242.21	8,446.30	26,183.52	25,338.89	4,223.15
FIERRERO	JOR	137.50	8,802.10	22,738.76	22,005.25	2,200.52
AYUDANTE DE FIERRERO	JOR	137.50	5,753.94	14,864.35	14,384.85	1,438.48
LABIRATORISTA DE MATERIALES	JOR	21.00	835.66	2,878.41	2,785.56	557.11
CABO DE OFICIALES	JOR	13.75	963.25	2,488.40	2,408.13	240.82

LOGO DE LA
"DEPENDENCIA A"

Dirección de Operación

MINUTA DE CAMPO

2008. Año del Padre de la Patria Miguel Hidalgo y Costilla

SIENDO LAS 10:00 HORAS DEL DIA 9 DEL MES Abril DEL AÑO 2008 NOS ENCONTRAMOS REUNIDOS EN EL LUGAR QUE OCUPA LA OBRA: Entubamiento del Canal la Vega, Santa Cruz Atzcapotzaltongo.

CON NÚMERO DE CONTRATO

UBICADA en Santa Cruz Atzcapotzaltongo

CORRESPONDIENTE AL PROGRAMA Normal de Inversión

EJERCICIO 2008

CON EL PROPÓSITO DE ESPECIFICAR DETALLES CONSTRUCTIVOS DE LA OBRA, EN RELACIÓN AL PROYECTO EJECUTIVO SE EXPONE LO SIGUIENTE:

Para la obra de desvio se tiene el camino de acceso muy angosto y dificultaria las maniobras de desazolve del canal y colocación de plantilla de piedra y en general para todos los trabajos, por lo anterior solicito me autorice colocar tubería de A.D.S de 61cm de diametro para la obra de desvio a un costado de la estructura (Boveda), con la siguiente sección; se anexa croquis;

COMENTARIOS Y AUTORIZACIONES DEL DEPARTAMENTO DE ESTUDIOS Y PROYECTOS:

Para la correcta ejecución de los trabajos es procedente la implementación de la obra de desvio indicada en el diagrama anexo.

SE CIERRA LA PRESENTE, A LAS 16:00 HORAS DEL DIA 18/ABR/2008 Y FIRMA DE CONFORMIDAD DE LOS QUE EN ELLA INTERVIENEN.

NOMBRE Y FIRMA	NOMBRE Y FIRMA	NOMBRE Y FIRMA
POR EL DEPARTAMENTO DE CONSTRUCCIÓN Y SUPERVISIÓN	POR EL DEPARTAMENTO DE ESTUDIOS Y PROYECTOS	**POR LA EMPRESA**

LOGO DE LA
"DEPENDENCIA A"

Dirección de Operación

2008. Año del Padre de la Patria Miguel Hidalgo y Costilla

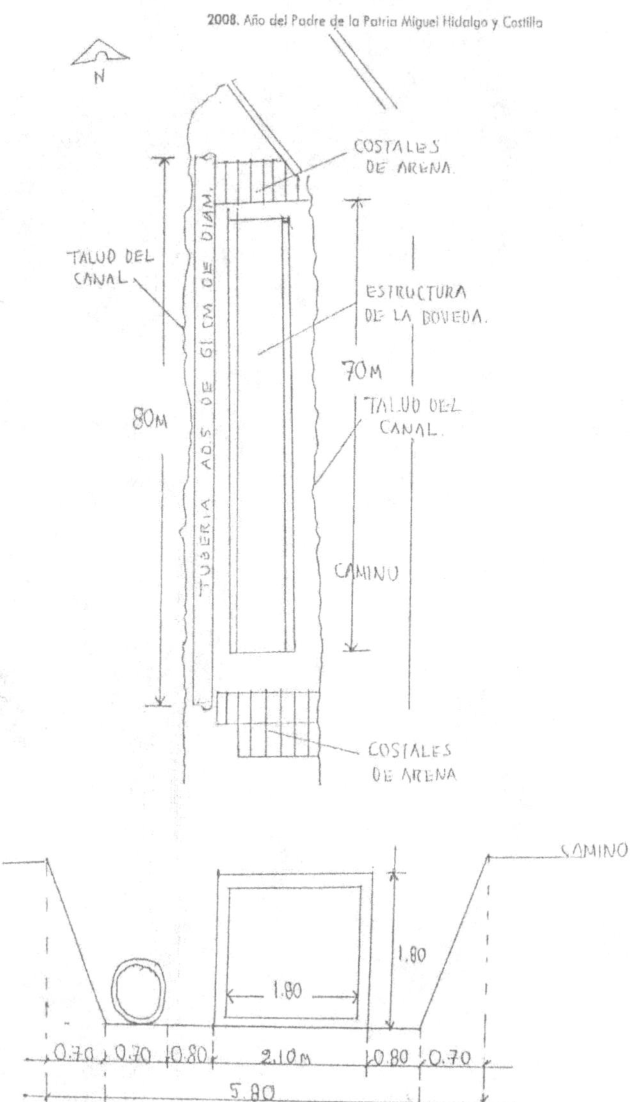

LOGO DE LA
"DEPENDENCIA A"

"2009. Año José María Morelos y Pavón, Siervo de la Nación."

ACTA ENTREGA-RECEPCIÓN

OBRA: "ENTUBAMIENTO DEL CANAL LA VEGA, SANTA CRUZ ATZCAPOTZALTONGO"

CONTRATO NÚMERO:
CONVENIO MODIFICATORIO DE PLAZO:
CONVENIO MODIFICATORIO DE MONTO:

SE REALIZA LA PRESENTE ACTA CON FUNDAMENTO EN EL ARTICULO No. 12.57 DEL LIBRO DÉCIMO SEGUNDO DEL CÓDIGO ADMINISTRATIVO DEL ESTADO DE MÉXICO Y AL ARTÍCULO NÚMERO 232 DE SU REGLAMENTO.

EN LA CIUDAD DE TOLUCA, MÉXICO, SIENDO LAS 10:00 HORAS DEL DÍA 19 DE FEBRERO DE 2009, SE REÚNEN LAS PERSONAS CUYOS NOMBRES, REPRESENTACIONES Y FIRMAS APARECEN AL FINAL DEL PRESENTE DOCUMENTO, CON LA FINALIDAD DE LEVANTAR EL ACTA DE ENTREGA-RECEPCIÓN DE LA OBRA DENOMINADA: **"ENTUBAMIENTO DEL CANAL LA VEGA, SANTA CRUZ ATZCAPOTZALTONGO"**, SEGÚN CONTRATO **No.** DE FECHA 11 DE MARZO DE 2008, CON UN IMPORTE DE $2'412,415.47 (DOS MILLONES CUATROCIENTOS DOCE MIL, CUATROCIENTOS QUINCE PESOS 47/100 M.N.), INCLUYE I.V.A., OTORGANDOLE UN ANTICIPO DE $723,724.64 (SETECIENTOS VEINTITRES MIL SETECIENTOS VEINTICUATRO PESOS 64/100 M.N.), INCLUYENDO EL IMPUESTO AL VALOR AGREGADO, CANTIDAD QUE REPRESENTA EL 30% DEL MONTO CONTRATADO Y CON FUNDAMENTO EN EL ARTICULO 12.46 DEL LIBRO DÉCIMO SEGUNDO DEL CÓDIGO ADMINISTRATIVO DEL ESTADO DE MÉXICO Y AL ARTÍCULO NÚMERO 187 DE SU REGLAMENTO, SE AUTORIZO UN CONVENIO MODIFICATORIO EN MONTO No. , DE FECHA 9 DE DICIEMBRE DE 2008, CON UN IMPORTE DE $865,084.53 (OCHOCIENTOS SESENTA Y CINCO MIL, OCHENTA Y CUATRO PESOS 53/100 M.N.) INCLUYE I.V.A., CUYOS MONTOS SON CUBIERTOS CON RECURSOS PROPIOS DERIVADOS DEL PROGRAMA **"NORMAL DE INVERSIÓN 2008"**.

DESCRIPCIÓN GENERAL DE LOS TRABAJOS:

PREELIMINARES; TRAZO Y NIVELACION DE TERRENO PARA DESPLANTE DE ESTRUCTURA, (797.88 M2), **DEMOLICIONES;** DEMOLICION DE CABEZOTE DE MAMPOSTERIA EXISTENTE CON EQUIPO MECANICO, (66.36 M3), **TERRACERIAS;** EXCAVACIÓN CON MAQUINA PARA DESPLANTE DE ESTRUCTURA EN MATERIAL COMUN DE LA ZONA EN PRESENCIA DE AGUA, (2,269.01 M3), RELLENO CON MATERIAL DE BANCO (TEPETATE), APISONADO Y COMPACTADO CON EQUIPO MECANICO, (1,443.68 M3), PLANTILLA DE PIEDRA BOLA HASTA 3" DE DIAMETRO, (1,039.08 M3), **CONSTRUCCIÓN DE BOVEDA DE CONCRETO REFORZADO DE 1.80 M. X 1.50 M. DE SECCIÓN INTERNA, ESPESOR DE MUROS DE 15 CM;** CONCRETO PREMEZCLADO BOMBEABLE F'c= 250 KG/CM2 ART 3-80, 20-14 BP CPC EN LOSA DE TECHO, LOSA DE PISO, MUROS, MARCOS DE UNION Y ESTRUCTURA DE TRANSICIÓN, (408.81 M3), PLANTILLA DE CONCRETO F'c= 100 KG/CM2 HECHO EN OBRA, PARA DESPLANTE DE ESTRUCTURA, (40.49 M3), ACERO DE REFUERZO F'y=4,200 KG/CM2 DEL No. 3 AL No. 6 EN MUROS Y LOSAS DE ESTRUCTURA (25.06 TONELADAS), **CONCEPTOS FUERA DE CATALOGO;** SUMINISTRO, INSTALACION Y DESINSTALACIÓN DE TUBERIA DE PEAD DE 61 CM. DE DIAMETRO PARA OBRA DE DESVIO, (236.00 M.), DEMOLICIÓN DE CONCRETO REFORZADO, (22.07 M3), RELLENO A VOLTEO CON MATERIAL PRODUCTO DE EXCAVACION EN OBRA DE DESVIO, (270.33 M3), CONEXIÓN DE DESCARGA DE AGUAS NEGRAS EXISTENTE A CANAL CON TUBO DE ACERO DE 14" DE DIAMETRO, (1.00 PIEZA.)

1/4

LOGO DE LA
"DEPENDENCIA A"

"2009. Año José María Morelos y Pavón, Siervo de la Nación."

ACTA ENTREGA-RECEPCIÓN

OBRA: "ENTUBAMIENTO DEL CANAL LA VEGA, SANTA CRUZ ATZCAPOTZALTONGO"

CONTRATO NÚMERO:
CONVENIO MODIFICATORIO DE PLAZO:
CONVENIO MODIFICATORIO DE MONTO:

LA EMPRESA RECIBIÓ EL ANTICIPO EL DÍA 7 DE ABRIL DE 2008, TENIENDO UN PERIODO CONTRACTUAL DEL 8 DE ABRIL DE 2008 AL 6 DE JULIO DE 2008, SIENDO DE 90 DÍAS NATURALES COMO LO MARCA LA CLÁUSULA SEXTA DEL CONTRATO DE REFERENCIA, POR LO CUAL LOS TRABAJOS FUERON INICIADOS EL DÍA 8 DE ABRIL DE 2008 Y SE TERMINARON EN SU TOTALIDAD EL DÍA 4 DE SEPTIEMBRE DE 2008, FECHA AUTORIZADA MEDIANTE **CONVENIO MODIFICATORIO DE AMPLIACIÓN DE PLAZO NO.** DE FECHA 7 DE JULIO DEL 2008, COMO SE HACE CONSTAR EN BITÁCORA DE OBRA GENERÁNDOSE LAS SIGUIENTES ESTIMACIONES:

NO. DE ESTIMACIÓN	PERIODO DE EJECUCIÓN	IMPORTE CON I.V.A. ($)	OBSERVACIONES
1 (UNO) (CONCEPTOS DE CATALOGO)	08/ABRIL/2008 AL 02/MAYO/2008	404,560.08	ESTIMACIÓN DE CONTRATO
2 (DOS) (CONCEPTOS DE CATALOGO)	03/MAYO/2008 AL 24/MAYO/2008	390,345.49	ESTIMACIÓN DE CONTRATO
3 (TRES) (CONCEPTOS DE CATALOGO)	17/MAYO/2008 AL 06/JUNIO/2008	425,615.35	ESTIMACIÓN DE CONTRATO
4 (CUATRO) (VOLUMENES ADICIONALES)	08/ABRIL/2008 AL 24/MAYO/2008	134,765.71	ESTIMACIÓN DE CONTRATO
5 (CINCO) (CONCEPTOS DE CATALOGO)	07/JUNIO/2008 AL 06/JULIO/2008	603,851.51	ESTIMACIÓN DE CONTRATO
6 (SEIS) (CONCEPTOS DE CATALOGO)	07/JULIO/2008 AL 04/SEPTIEMBRE/2008	386,562.53	ESTIMACIÓN DE CONTRATO
7 (SIETE) (CONCEPTOS FUERA DE CATALOGO)	08/ABRIL/2008 AL 04/SEPTIEMBRE/2008	64,714.27	ESTIMACIÓN DE CONTRATO
8 (SEIS) (CONCEPTOS FUERA DE CATALOGO)	08/ABRIL/2008 AL 04/SEPTIEMBRE/2008	235,908.65	ESTIMACIÓN DE CONVENIO MODIFICATORIO POR AMPLIACION DE MONTO
9 (NUEVE) (VOLUMENES ADICIONALES)	25/MAYO/2008 AL 04/SEPTIEMBRE/2008	614,799.02	ESTIMACIÓN DE CONVENIO MODIFICATORIO POR AMPLIACION DE MONTO
10 (DIEZ) FINIQUITO (VOLUMENES ADICIONALES)	25/MAYO/2008 AL 04/SEPTIEMBRE/2008	12,936.47	ESTIMACIÓN DE CONVENIO MODIFICATORIO POR AMPLIACION DE MONTO
	TOTAL ESTIMADO:	$3'276,059.08	

2/4

ANEXO F

LOGO DE LA
"DEPENDENCIA A"

"2009. Año José María Morelos y Pavón, Siervo de la Nación."

ACTA ENTREGA-RECEPCIÓN

OBRA: "ENTUBAMIENTO DEL CANAL LA VEGA, SANTA CRUZ ATZCAPOTZALTONGO"

CONTRATO NÚMERO:
CONVENIO MODIFICATORIO DE PLAZO:
CONVENIO MODIFICATORIO DE MONTO:

DURANTE LA VISITA AL LUGAR DE LA OBRA EN LA CALLE LIBERTAD, EN SANTA CRUZ ATZCAPOTZALTONGO, SE HICIERON LAS SIGUIENTES OBSERVACIONES: QUE LOS TRABAJOS ESTÁN TOTALMENTE TERMINADOS, DE IGUAL MANERA QUEDA ESTABLECIDO QUE EL ORGANISMO AGUA Y SANEAMIENTO DE TOLUCA SE RESERVA SUS DERECHOS PARA HACERLOS VALER COMO MEJOR CORRESPONDA EN CASO DE ESTIMARLO NECESARIO COMO PUEDE SER ENTRE OTRAS: RECLAMACIONES CONCERNIENTES A LA OBRA MAL EJECUTADA, MALA CALIDAD DE LOS MATERIALES, PAGOS INDEBIDOS Y VICIOS OCULTOS.

PARA GARANTIZAR EL MENCIONADO CONTRATO, ASI COMO EL CONVENIO MODIFICATORIO DE AMPLIACIÓN DE MONTO Y PARA DAR CUMPLIMIENTO AL ARTICULO No. 12.58 DEL LIBRO DÉCIMO SEGUNDO DEL CÓDIGO ADMINISTRATIVO DEL ESTADO DE MÉXICO, SE OTORGÓ LA FIANZA NO. 1019831 DE VICIOS OCULTOS CON UN IMPORTE DE $284,874,70 (DOSCIENTOS OCHENTA Y CUATRO MIL OCHOCIENTOS SETENTA Y CUATRO PESOS 70/100 M.N.), EXPEDIDA POR FIANZAS MONTERREY, S.A., QUE CUBRE EL 10% DEL MONTO EJERCIDO SIN I.V.A. PARA GARANTIZAR LA BUENA CALIDAD DE LOS TRABAJOS, LA CUAL ESTARÁ VIGENTE HASTA UN AÑO DESPUÉS DE RECEPCIONADOS LOS TRABAJOS.

POR SU PARTE LA EMPRESA REPRESENTADA POR EL , MANIFIESTA QUE NO TIENE OBSERVACIÓN ALGUNA Y QUE TAMPOCO TIENE RECLAMACIONES QUE HACER, SALVO LAS DE CARÁCTER ECONÓMICO QUE ESTÉN PENDIENTES POR CUBRIR.

EN TAL VIRTUD SIENDO LAS 11:30 HORAS DEL DIA 19 DE FEBRERO DE 2009, SE DA POR CONCLUIDA LA PRESENTE ACTA FIRMANDO AL MARGEN Y AL CALCE LOS QUE EN ELLA INTERVINIERON, TANTO POR PARTE DE LA COMUNIDAD, DEL ORGANISMO CONTRATANTE Y LA EMPRESA CONTRATADA.

RECIBE

POR AGUA Y SANEAMIENTO DE TOLUCA

FIRMA FIRMA

DIRECTOR GENERAL

DIRECTOR DE OPERACIÓN

3/4

ANEXO F

LOGO DE LA
"DEPENDENCIA A"

"2009, Año José María Morelos y Pavón, Siervo de la Nación."

ACTA ENTREGA-RECEPCIÓN

OBRA: "ENTUBAMIENTO DEL CANAL LA VEGA, SANTA CRUZ ATZCAPOTZALTONGO"

CONTRATO NÚMERO:
CONVENIO MODIFICATORIO DE PLAZO:
CONVENIO MODIFICATORIO DE MONTO:

FIRMA

EN REPRESENTACIÓN DE LA
DIRECCIÓN DE ADMINISTRACIÓN Y FINANZAS

FIRMA

EN REPRESENTACIÓN DE LA
CONTRALORÍA INTERNA

FIRMA

JEFE DEL DEPARTAMENTO DE
CONSTRUCCIÓN Y SUPERVISIÓN

FIRMA

RESIDENTE DE OBRA Y SUBDIRECTOR DE
CONSTRUCCIÓN

FIRMA

SUPERVISOR DE OBRA

ENTREGA

EMPRESA CONTRATISTA

FIRMA

ADMINISTRADOR ÚNICO DE LA EMPRESA

CON R.F.C. DE LA EMPRESA !

4/4